분자유전학 실험서

이영석

국민대학교 출판부
KOOKMIN UNIVERSITY PRESS

CONTENTS

분자유전학 실험서

Part 01

분자유전학 실험의 기초

실험 1. 분자유전학 실험의 기초 및 멘델의 유전법칙

실험 1 분자유전학 실험의 기초 및 기본기기 다루기

1.1 이론

1.1.1 분자유전학

분자유전학은 유전학의 한 분야로, 유전체 내의 분자 수준에서의 유전적 변화와 그것이 개체나 종 내에서의 형질 표현에 어떻게 영향을 미치는지를 연구하는 학문이다. 이 분야의 역사는 20세기 중반부터 시작되었다. 1953년에 DNA의 구조가 발견된 이래로, 분자유전학은 DNA, RNA, 단백질 등의 분자 수준에서의 유전체를 이해하는 데 큰 발전을 이루었다. 이후 DNA의 염기서열 분석 기술이 발달하면서 유전자의 위치와 기능을 연구하는 데 있어서 중요한 전환점이었다.

분자유전학의 아버지로 인정받는 인물은 **프랜시스 크릭**(Francis Crick)과 **제임스 왓슨**(James Watson)이다. 크릭과 왓슨은 1953년, DNA의 이중나선(Double helix) 구조를 제시한 연구로 각광받았다. 이 연구는 분자유전학 분야에 혁명적인 발전을 가져왔으며, 유전체 연구와 분석에 대한 기초를 마련하였다. 이후에도 분자유전학 분야에서 중요한 기여를 계속하였으며, 유전자의 기능과 조절 메커니즘에 대한 연구를 이끌었다. 그들의 업적은 분자유전학 분야를 성장시키고, 현대 유전학과 생물학에 지대한 영향을 끼쳤다.

분자유전학은 현대 생명과학의 핵심 분야 중 하나로, 질병 예방과 치료, 종의 진화 및 유전적 특성의 이해, 그리고 새로운 치료법 및 기술의 발전에 중요한 역할을 한다.

1) **질병의 이해** : 분자유전학은 유전적 기여를 연구하여 질병의 원인과 발생 메커니즘을 이해하는 데 도움을 준다.
2) **진화** : 종 내에서의 유전적 다양성을 연구하여 진화 과정을 이해하는 데 기여한다.

3) **유전자 조작 기술** : 분자유전학은 유전자 조작 기술의 발전을 이끌고 있으며, 이는 동식물의 유전자를 수정하여 더 나은 품종의 작물을 개발하거나 유전적 질환을 치료하는 데 사용된다.
4) **의학적 응용** : 분자유전학은 맞춤형 의학, 개인별 치료, 약물 개발 등과 같은 의학 분야에서의 응용 가능성을 제시한다.

1.1.2 동물모델

동물모델은 인간 질병 및 생리학적 프로세스를 연구하는 데 사용되는 동물의 종 또는 유전체이다. 이 모델은 특정 질병의 원인을 이해하거나 새로운 치료법의 효과를 평가하는 등 다양한 연구 목적으로 사용된다. 주로 대장균, 효모와 같은 세균, 균류부터 예쁜꼬마선충, 노랑초파리, 애기장대, 쥐, 원숭이 등 다양한 동물이 사용된다. 연구하려는 질병이나 연구 목적에 따라 동물모델을 선정하여 실험한다.

1) **질병 연구** : 동물모델을 사용하여 질병의 발생 메커니즘과 유전적 기여를 연구한다. 이를 통해 특정 질병과 관련된 유전적 변화를 식별하고 해당 변화가 어떻게 질병 발생에 기여하는지를 이해할 수 있다.
2) **유전자 기능 연구** : 동물모델을 사용하여 특정 유전자의 기능과 조절 메커니즘을 연구한다. 유전자 조작 기술을 사용하여 특정 유전자를 무효화하거나 과다 발현시킴으로써 해당 유전자의 기능을 조사하고, 이를 통해 해당 유전자가 어떻게 생리학적 프로세스나 질병에 영향을 미치는지를 이해할 수 있다.
3) **치료법 개발** : 동물모델을 사용하여 새로운 치료법의 효과를 평가하고 개발한다. 유전적 질환의 치료법이나 신약 개발 등에 있어서 동물모델을 사용하여 유전자 치료, 약물시험 등을 수행하여 효과적인 치료법을 개발할 수 있다. 따라서 동물모델은 분자유전학의 연구에 있어서 중요한 도구로 활용되며, 유전적 원인과 기작을 이해하고 질병의 치료법 개발에 기여한다.

1.1.3 멘델의 유전법칙

멘델의 유전법칙은 19세기 말에 오스트리아의 수도승인 **그레고르 멘델**(Gregor Mendel)이 발견한 유전학적 원리를 기초로 한다. 멘델은 여러 종류의 식물을 연구하면서 유전적 특성이 어떻게 전해지는지를 발견하였고, 이를 통해 세 가지 기본적인 유전법칙을 발견했다.

1) **분리법칙** : 이 법칙은 서로 다른 두 개의 양성(돌연변이가 아닌) 유전자 형태가 교차되어 혼합된 개체를 통해 다음 세대로 분리됨을 보여준다. 이 법칙은 형질을 결정하는 두 개의 서로 다른 유전자가 자식에서 분리되어 나타날 수 있음을 보여준다.
2) **독립법칙** : 이 법칙은 두 개의 서로 다른 유전자 형태가 독립적으로 분리되어 자식에게 전달됨을 보여준다. 즉, 한 개의 유전자가 다른 유전자의 존재나 결합 상태에 영향을 받지 않고 독립적으로 분리된다.
3) **우열법칙** : 한 유전자가 다른 유전자보다 나타나는 현상을 우성(dominant)라고 하고, 나타나지 않는 현상을 열성(recessive)이라고 한다. 우열 대상에 따라 표현형이 결정된다.

당시에는 멘델의 유전법칙은 거의 인식되지 않았으나, 그가 발견한 유전법칙은 현대 유전학의 기초가 되었으며, 생물학자들에게 형질 유전 및 질병의 유전적 전달을 이해하는 데 중요한 개념을 제공했다. 이러한 법칙들은 현대 유전학의 발전과 응용에 지속적으로 활용되고 있다.

1.1.4 반복수

실험에서 반복수(Replicate number)는 실험을 수행하는 동일한 조건에서 동일한 실험을 반복하는 횟수를 의미한다. 이는 실험 결과의 신뢰성과 견고성을 평가하고 검증하는 데 사용된다.

1) **데이터의 변이 확인** : 험 결과는 어떤 정도의 변이를 보일 수 있다. 반복을 통해 이러한 변이를 확인하고 어떤 부분이 진짜 효과인지를 파악할 수 있다.
2) **통계적 검증** : 통계적으로 유의미한 결과를 얻기 위해서는 충분한 반복이 필요하다. 반복수가 적으면 우연에 의한 결과일 가능성이 높아진다.
3) **결과의 일반화 가능성** : 충분한 반복을 통해 얻은 결과는 일반화할 수 있는 가능성이 높다. 이

는 실험 결과가 특정 조건에만 국한되지 않고 보다 넓은 범위에 적용될 수 있는지를 확인하는 데 도움이 된다.

4) **재현성 보장** : 충분한 반복을 통해 실험의 결과를 재현할 수 있다. 동일한 조건에서 실험을 반복함으로써 동일한 결과를 얻을 수 있고, 다른 연구자들도 동일한 실험을 재현할 수 있다.

따라서 반복수는 실험 결과의 신뢰성과 정확성을 보장하는 데 필수적인 요소이다. 충분한 반복을 통해 실제 효과와 우연적 요소를 구별하고, 통계적으로 유의미한 결과를 얻을 수 있으며, 이를 통해 실험 결과를 보다 신뢰할 수 있다.

1.1.5 데이터 처리 및 분석

실험에서 데이터 처리는 실험 과정에서 얻은 데이터를 정리하고 분석하는 과정을 의미한다. 실험 결과를 신뢰할 수 있게 만들고, 해당 데이터를 해석하여 의미 있는 결론을 도출하는 데 사용된다. 아래는 기초적인 데이터 처리 및 분석법이다.

1) **평균값(average)**는 각 데이터군의 평균값을 나타낸다. 데이터 값을 더하여 반복수로 나누어 계산한다. 엑셀에서 '=average(시작셀:종료셀)'의 기능(function)으로 계산할 수 있다.
2) **오차막대**(error bar)는 보통 **표준오차** (SEM;standard error of means)이며, 표준편차(standard deviation)을 반복수의 근(root)의 값으로 나누어 계산한다. 엑셀에서 '=stdev(시작셀:종료셀)/sqrt(반복수) 혹은 = stdev(시작셀:종료셀)/sqrt(count(시작셀:종료셀)'의 기능으로 계산할 수 있다.
3) **Student t 검정(Student's t-test)**은 Student's t-test(스튜던트 t-검정)은 두 집단 간 평균 차이를 비교하는 통계적 방법 중 하나이다. 두 집단 평균의 차이가 유의한지 검정하는 데 사용된다. t-test의 결과는 t-value와 유의확률(p-value)로 나타낸다. p-value는 주어진 가설 하에서 현재 관찰된 데이터가 관찰될 확률을 나타낸다. p-value가 일반적으로 0.05보다 작으면, 두 집단의 평균은 다르다고 결론짓는다.
4) **분산분석(ANOVA;Analysis of Variance)**는 세 개 이상의 그룹 간 평균의 차이를 비교하는 통계적 방법이다. ANOVA는 f-검정(f-test)을 사용하여 그룹 간의 평균 차이가 통계적으로 유의한지를 판단한다. ANOVA에는 여러 가지 종류가 있지만, 가장 일반적으로 사용되는 것은 일원배치분산분석(One-Way ANOVA)이다. 이 방법은 하나의 독립변인(그룹 또는 처리)이

있는 경우에 사용된다. 두 개 이상의 수준(그룹)을 가진 독립변인의 평균이 서로 다른지를 검정한다. ANOVA의 결과는 f-value와 p-value로 나타낸다. Student t 검정과 마찬가지로, p-value는 주어진 가설 하에서 현재 관찰된 데이터가 관찰될 확률을 나타내며, p-value가 일반적으로 0.05보다 작으면, 두 집단의 평균은 다르다고 결론짓는다.

이외에도 여러 데이터 처리법과 통계처리법이 존재하며, 필요에 따라 처리법을 선택하면 된다.

1.1.6 초파리의 유전체 및 밸런서(balancer)

인간은 23쌍의 염색체 중, 22쌍의 상동염색체, 1쌍의 성염색체를 갖는다. 동물마다 가지고 있는 염색체의 쌍은 다른데, 초파리는 X, 2nd, 3rd, 4th 염색체를 가지고 있다. 초파리는 실험동물로서 오랫동안 이용되어 왔으며, 그 중 유전학에 큰 기여를 한 것은 **밸런서**(balancer)이다. 밸런서는 **우점표현형**(dominant expression)을 가지며, **열성 치사**(recessive lethal)이며, 밸런서를 갖는 염색체는 많은 역위(inversion)에 의해서 상동염색체간의 서로 유사한 부위가 마주하고 있지 않아서 **재조합**(recombination)이 일어나지 않는다. 또한, X 염색체의 기능이 초파리의 눈 색깔에 영향을 끼치는 유전자 연구로 처음 밝혀졌는데, 관련한 유전학적 교잡을 직접 해보고자 한다. 초파리의 유전학적 교잡을 위해선 반드시 처녀(virgin female)를 실험에 활용하여야 한다. 그 이유는, 초파리 암컷은 처음 교배한 수컷과의 자손을 낳는다.

1.1.7 현미경

육안으로 관찰 혹은 식별하기 힘든 미생물과 세포는 현미경을 이용하여 관찰한다. 관찰대상과 목적에 따라 서로 다른 현미경이 사용된다.

1) **광학현미경**(light microscope) : 보통의 세포를 관찰할 때 사용하며, 가시광선을 광원으로 사용한다.
2) **해부현미경**(dissection microscope) : 곤충이나 곰팡이의 포자 같은 작은 생물의 겉모습을 관찰할 때 사용하며, 가시광선을 광원으로 사용한다.
3) **전자현미경**(electron microscope) : 세포의 구조를 보다 세부적으로 관찰할 때 사용하며, 가속전자를 광원으로 사용한다.

4) **형광현미경**(fluorescence microscope) : 시료의 형광반응을 관찰할 때 사용하며, 자외선(ultraiolet) 혹은 레이저을 광원으로 사용한다.
5) **위상차현미경**(phase-contrast microscopy) : 빛의 굴절률 차이를 이용하여 투명한 물체의 내부구조를 관찰할 때 사용하며, 가시광선을 광원으로 사용한다.
6) **공초점현미경**(confocal microscope) : 초점을 벗어난 빛을 핀홀(pinhole)로 차단하여 고해상도와 고대비의 이미지를 관찰할 때 사용된다. 높이축을 조절하여 다양한 초점을 설정하고, 이를 통해 여러 장의 이미지를 촬영함으로써 입체적인 영상을 얻을 수 있다. 형광현미경과 마찬가지로 자외선 혹은 레이저를 광원으로 사용한다.

1.1.8 실험보고서

실험보고서는 실험과정과 결과를 문서화한 보고서다. 일반적으로 실험보고서에는 실험의 목적, 설계, 사용된 재료와 장비, 실험과정, 결과데이터, 결과 해석, 그리고 결론을 포함한다. 실험보고서를 작성함으로써 다른 연구자들이 동일한 실험을 반복하거나 결과를 재현할 수 있도록 돕는다. 또한, 실험보고서는 연구의 투명성과 신뢰성을 높이는 데에도 기여한다. 학술지에 논문으로 출판되거나 학술적인 발표자료로 사용될 수도 있다.

1) 예비보고서

① 제목
② 목적 : 실험의 목적을 명확히 제시하고, 특정 문제나 가설을 검증할 것인지 설명이 필요하다.
③ 배경 : 해당 실험의 배경과 연구 문제를 소개한다. 이전 연구나 관련 연구들을 요약하여 실험의 필요성을 설득력있게 제시한다.
④ 시료, 장비 및 기구: 실험에 사용되는 모든 장비와 시료를 명시한다.
⑤ 방법: 실험 과정을 자세히 설명한다.

2) 결과보고서

① 제목
② 결과 : 실험 결과를 보고한다. 얻은 데이터를 분석하여 수치나 그래프로 나타내고, 관측된 현상을 설명한다.
③ 토의 : 결과를 해석하고, 실험 결과가 예상과 일치하는지, 그렇지 않다면 왜 그런지를 논의한다. 실험의 한계와 개선점을 언급할 수 있다.

④ 결론 : 실험 결과에 대한 요약과 실험의 목적을 달성했는지를 간략히 언급하고, 앞으로의 연구나 추가 실험에 대한 제안을 할 수 있다.

1.2 실험목표

1) 실체현미경 사용법 익히기
2) 초파리 암컷(♀), 수컷(♂), 처녀(☿) 암컷 구별
3) 빨간색 눈과 하얀색 눈을 갖는 초파리 관찰
- 다음 세대(F_1)를 관찰 및 드로잉(사진 가능)
- 다다음 세대(F_2) 예측
- 초파리의 세대별 모식도 그려보기
4) 밸런서의 표현형 관찰

1.3 재료 및 기구

1) 실험군 : 흰 눈을 갖는 초파리, 빨간 눈을 갖는 초파리, 더블밸런서 초파리 *(CyO/Bc;TM2/TM6b)*
2) 기구 : 붓, 갈린 얼음, 페트리-디시(petri-dish)
3) 기기 : 실체현미경(해부현미경: dissection microscope)

1.4 실험 방법

1.4.1 실체현미경 사용법

① 재물대 위에 샘플을 올린다.
② 배율은 배율조절기로 가장 낮게 조절한다.
③ 광원을 켠 후, 알맞은 밝기로 조절한다.
④ 조동나사를 조절하여 샘플의 초점을 잡는다.
⑤ 모든 관찰이 종료되었다면, 가장 낮은 배율, 가장 낮은 높이, 가장 낮은 밝기로 바꿔주고, 광원을 꺼준다.

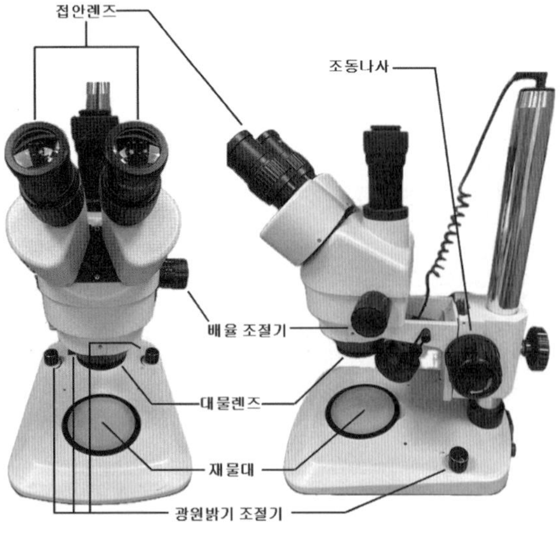

1.4.2 초파리 관찰하기

① 페트리-디시에 얼음을 넣고 페트리-디시의 뚜껑을 덮는다.

② 관찰하고자 하는 초파리가 든 바이알을 얼음에 넣는다. (초파리는 2-3분 후에 기절한다.)

③ 얼음을 넣은 페트리-디시를 실체현미경 재물대 위에 올린 후 붓을 이용해 관찰한다.

※ 얼음이 아닌 이산화탄소(CO_2) 가스와 가스패드로 초파리를 기절시킬 수도 있다.

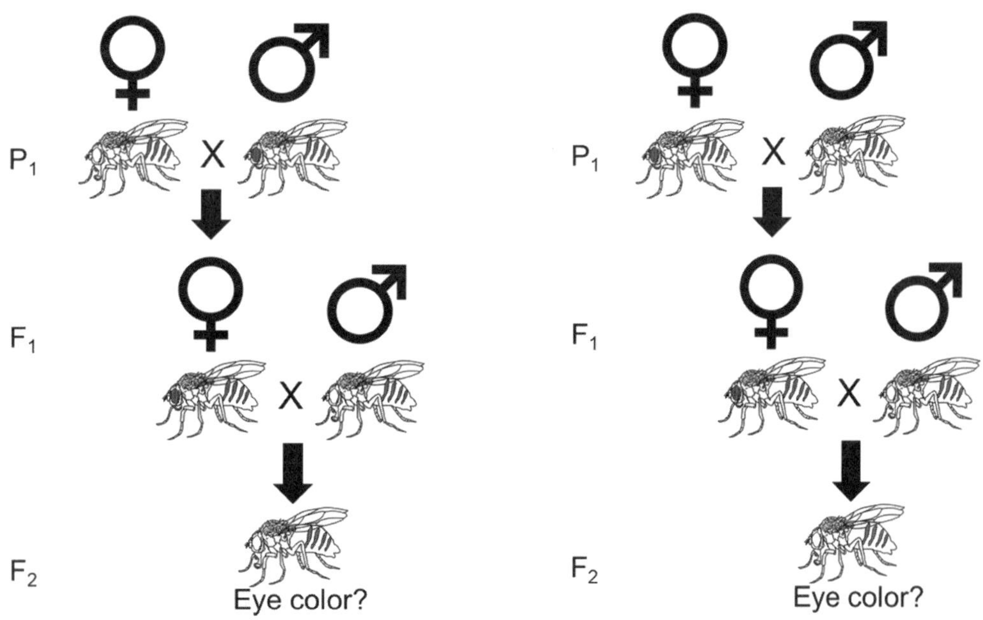

1.5 고찰

1) 관찰한 초파리의 사진 및 드로잉

2) 밸런서에 대해 조사

분자유전학 실험서

Part 02

세포

실험 2. 동물세포 및 식물세포
실험 3. 그람염색
실험 4. 혈액형 및 혈구
실험 5. 거대염색체

실험 2 동물세포 및 식물세포

2.1 이론

2.1.1 세포

세포는 모든 생물체의 기본 구성단위이다. 세포는 생물체의 생존과 기능을 유지하기 위한 다양한 작용을 한다. 일반적으로 세포는 세포막으로 둘러싸인 세포질을 포함하고 있다. 세포막은 세포를 외부 환경으로부터 분리하고, 필요한 물질의 흡수와 배출을 조절하며, 세포의 구조를 유지한다. 세포의 크기는 다양하며, 원핵생물(prokaryote)인 세균(bacteria)은 0.1 ㎛으로 광학현미경으로 관찰하기 어려울 정도의 작은 크기를 갖는 미생물이 보통이기 때문에, 미생물을 육안으로 관찰하기는 어렵다. 이러한 이유로, 현미경을 사용하여 관찰해야 한다.

배지에서 배양한 미생물이 현탁된 상태에서는 투명하거나 색이 없어서 육안으로 관찰하기 어렵다. 따라서 미생물을 관찰하고 특징을 확인하기 위해, 여러 염색 방법을 사용하여 미생물을 염색한 후 현미경으로의 관찰이 용이하다. 염색에 사용되는 염색시약은 벤젠고리를 포함하는 유기 화합물과 발색단(chromophore)이 결합하여 형성된 색소원(chromogen)에 이를 이온화시켜 착색기능을 부여하는 조색단(auxochrome group)을 결합시킨 물질이다. 산성 염색시약(acidic dye)과 염기성 염색시약(basic dye)으로 구분한다.

2.1.2 동물세포와 식물세포의 세포 내 소기관

1) 세포 내 소기관(organelle)

미토콘드리아(Mitochondria): 에너지 생산의 주요 소기관으로, 유기물을 산화하여 ATP (adenosine triphosphate)를 생성한다.

골지체(Golgi apparatus) : 단백질 및 지질의 수정, 정렬 및 분류를 수행하고, 세포외로 배출되는 물질들의 합성과 포장을 담당한다.

소포체(Endoplasmic reticulum) : 미세한 막으로 둘러싸인 네트워크 형태의 구조로, 분자의 합성 및 수정, 단백질 및 리포닌의 합성, 세포내의 전도 및 운송을 담당한다.

리보솜(Ribosome) : 단백질 합성에 관여하는 소기관으로, mRNA(messenger RNA)와 특정한 아미노산을 이용하여 단백질 합성을 담당한다.

리소좀(Lysosome) : 소화효소를 함유한 소기관으로, 세포 내의 불필요한 물질이나 손상된 소기관의 분해를 담당한다.

핵(Nucleus) : 세포의 유전물질을 포함하는 핵막으로 둘러싸인 소기관으로, DNA의 보존, 전사 및 RNA 합성, 유전자 발현을 조절한다.

퍼옥시좀(Peroxisome) : 수소와 산소를 이용하여 유해한 화합물을 분해하는데 관여하고, 지방산의 대사와 수소를 이용한 에너지 생성에 기여한다.

세포막(Cell membrane) : 세포를 둘러싸고 있는 지질 이중층으로, 세포 내부를 보호하고 외부 환경과의 상호 작용을 조절한다.

세포벽(Cell wall) : 동물세포는 일반적으로 보유하고 있지 않으며, 식물세포는 셀룰로오스(cellulose)로 이루어진 세포벽을 가지며, 형태를 유지하는 역할을 한다.

엽록체(Chloroplast) : 식물세포에 존재하며, 광합성을 통해 탄소 및 에너지를 생산하고, 산소를 방출한다.

중심체(Centrosome) : 세포 내에서 미세소관(microtubule)을 만드는 가장 대표적인 세포소기관이다.

2) 동물세포와 식물세포의 차이

세포 소기관	동 물	식 물	특 징
미토콘드리아	O	O	에너지(ATP) 생산
골지체	O	O	단백질 및 지질의 처리, 소포에 정렬
소포체	O	O	단백질 및 지질의 합성, 신호전달 담당
리보솜	O	O	mRNA를 기반으로 아미노산 체인 합성
리소좀	O	O	불필요 물질 분해
핵	O	O	DNA를 포함하며, 전사 및 RNA 합성, 발현 조절
퍼옥시좀	O	O	유해물 분해 및 지방산 대사, 에너지 생성
세포막	O	O	지질이중층으로 세포 보호 및 외부와 상호작용
세포벽	X	O	형태유지 역할
엽록체	X	O	광합성을 통해 탄소 및 에너지 생산, 산소 배출
중심체	O	X	미세소관 생성

2.2 실험목표

1) 광학현미경 사용법 익히기
2) 구강세포 및 양파표피세포 관찰
3) 동물세포 및 양파표피세포 염색 후 관찰

2.3 재료 및 기구

1) 실험군 : 구강세포, 양파
2) 기구 : 광학현미경(light microscope), 슬라이드글라스(slide glass), 커버슬립(cover slip), 200 ㎕ 파이펫(pipette), 20-200 ㎕ 파이펫 팁(pipette tip), 포셉(forcep), 칼, 면봉(cotton ball), 핸드타올
3) 시약 : 70% 에탄올(EtOH), 1% 메틸렌 블루(methylene blue)용액, 아세토카민(aceto-carmine)용액, 1X PBS(phosphate buffered saline), 증류수(D.W; distilled water)
4) 기기 : 광학현미경(light microscope)

2.4 실험 방법

2.4.1 광학현미경 사용법

① 조동나사를 사용해 재물대를 아래로 내린다.

② 대물렌즈 교환기를 돌려 가장 낮은 배율의 대물렌즈가 재물대로 향하도록 한다.

③ 샘플을 재물대의 클립으로 고정시키고, X축과 Y축 나사를 조절하여 샘플이 장착된 대물렌즈의 중앙에 오도록 위치시킨다.

④ 광원을 켠 후, 알맞은 밝기로 조절한다.

⑤ 조동나사를 이용해 샘플을 대물렌즈와 가깝게 위치시킨다.

※ 단, 샘플이 대물렌즈와 절대 닿지 않도록 한다.

⑥ 접안렌즈를 들여다보며, 조동나사를 이용하여 재물대를 아래로 이동시키되, 대략적인 초점을 잡는다.

⑦ 미동나사를 이용해 정확한 상을 잡는다.

⑧ 점차적으로 고배율 대물렌즈로 관찰한다.

※ 단, 대물렌즈 교체 시, 재물대를 가장 아래 위치시킨 후, ⑥단계부터 반복한다.

⑨ 모든 관찰이 종료되었다면, 대물렌즈는 재물대에서 제거하며, 조동나사를 이용해 재물대를 맨 위에 위치시키고, 가장 낮은 밝기로 바꿔주고, 광원을 꺼준다.

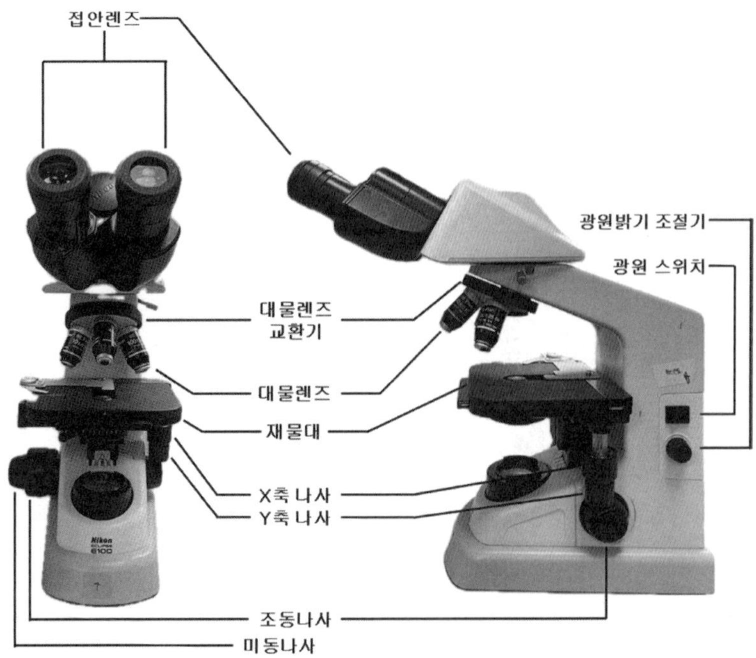

2.4.2 구강세포 관찰

① 입안을 물로 깨끗이 헹군 다음, 깨끗한 면봉으로 입 안쪽을 가볍게 여러 번 긁는다.

② 면봉에 묻어 나온 물질을 슬라이드글라스 좌측과 우측에 고르게 문지른다.

③ 좌측에는 1X PBS 한 방울을 떨어뜨리고, 우측에는 1% 메틸렌블루 용액 한 방울을 떨어뜨린 후 커버글라스로 각각 덮는다.

④ 핸드타올을 이용하여 커버글라스 밖으로 나온 증류수나 염색액을 제거한다.

⑤ 광학현미경으로 관찰한다.

2.4.3 양파표피세포 관찰

① 양파 안쪽을 가로, 세로 4~5 ㎜의 크기로 얇은 한 겹을 잘라낸다.

② 슬라이드글라스의 좌측과 우측에 각각 양파 표피의 바깥부분이 슬라이드글라스와 만나도록 거치하며, 공기방울이 생기지 않도록 한다.

③ 좌측에는 1X PBS 한 방울을 떨어뜨리고, 우측에는 아세토카민 용액 한 방울을 떨어뜨린 후 커버글라스로 각각 덮는다.

④ 핸드타올을 이용하여 커버글라스 밖으로 나온 증류수나 염색액을 제거한다.

⑤ 광학현미경으로 관찰한다.

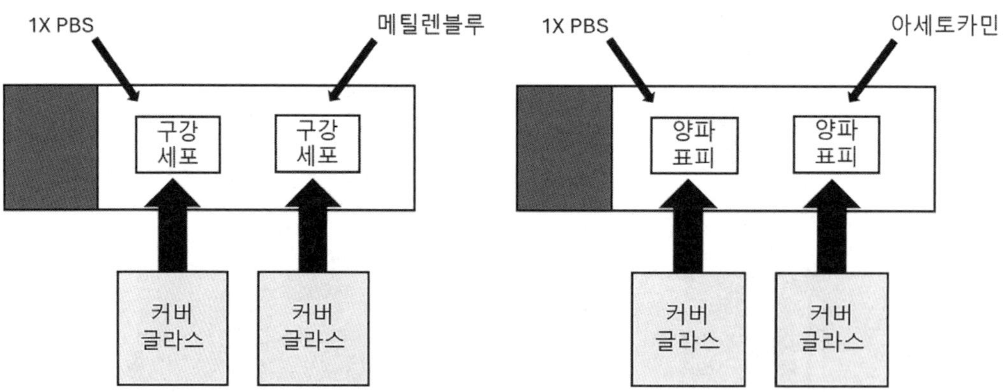

2.5 고찰

1) 각각 PBS와 메틸렌블루 용액을 처리한 구강세포의 차이

2) 각각 PBS와 아세토카민 용액을 처리한 식물세포의 차이

3) 관찰한 세포의 사진 및 드로잉

4) 구강세포와 양파표피세포에 처리한 염색약이 다른 이유

실험 3 그람염색

3.1 이론

3.1.1 펩티도글리칸층

펩티도글리칸(peptidoglycan)은 세균의 세포벽 구조 중 하나이다. 이는 세포벽의 주요 구성 요소 중 하나인 펩티도글리칸으로 이루어진 층을 의미한다. 펩티도글리칸은 당분 분자들이 아미노산으로 교차결합하여 형성되는 다당류로, 세포벽의 견고함과 형태를 유지하는 데 중요한 역할을 한다. 또한 세포간의 상호작용에 필수적인 역할도 한다. 펩티도글리칸은 세균의 생존과 기능에 중요한 영향을 미치는 중요한 구조물 중 하나이다. 일반적으로 펩티도글리칸층은 그람양성 세균과 그람음성 세균에서 모두 발견된다. 그람양성 세균에서는 펩티도글리칸층이 두꺼우며, 그람음성 세균에서는 펩티도글리칸층이 상대적으로 얇다.

3.1.2 그람염색

그람염색법(Gram-staining)은 1884년 덴마크의 의사 한스 크리스찬 그램(Hans Christian Gram)에 의해 개발된 특별한 염색 기술이다. 이 방법은 다양한 세균을 염색하여 현미경으로 관찰함으로써 감염질환의 초기 진단을 돕는다. 현재에도 그람염색법은 세균학 분야에서 가장 널리 사용되고 있다.

그람염색법은 세균을 그람양성{Gram(+)} 세균과 그람음성{Gram(−)} 세균으로 분류하는 데 용이하다. 이 방법은 초기 목적과는 다르게 세균을 분류하는 데 큰 기여했다. 그람염색법을 통해 분류된 세균은 양성과 음성 세균에서 서로 다른 특징이 있다. 이 둘은 화학 요법에 대한 감수성, 균의 증식에 필요한 영양소 종류, 물리 및 화학적 자극에 대한 반응, 생산하는 독소, 병변 등에서 차이를 보인다. 따라서 그람염색법은 단순한 관찰 도구로만 사용되지 않고 세균에 관련된 여러 측면에서 중요한 의미를 둔다.

1) **염색 단계**

크리스탈 바이올렛(crystal violet)이라는 염기성 색소를 사용하여 세균을 염색하는 단계이다.

2) **착색 단계**

염색된 세균에 **아이오딘**(iodine) 용액을 처리하여 세포 내에 **불용성 복합체**(CV-I:crystal violet-iodine complex)**를 형성**하는 과정이다.

3) **탈색 단계**

착색된 세균에 **알코올**을 처리하여 **불용성 복합체를 용해**하는 단계이다.

4) **대조 염색 단계**

사프라닌(safranin)이라는 분홍색의 염기성 색소를 사용하여 그람음성 세균을 **분홍색으로 대조 염색**하는 과정이다.

이 과정을 통해 그람양성 세균은 자주색 또는 짙은 청색으로, 그람음성 세균은 적색 또는 분홍색으로 염색됨을 관찰할 수 있다. 대표적인 그람양성 세균 종류로는 포도상구균, 연쇄상구균, 폐렴균, 나병균, 디프테리아균, 탄저균 등이 있으며, 그람음성 세균 종류로는 페스트균, 티푸스균, 이질균, 임균, 대장균, 스피로헤타, 콜레라균 등이 있다.

	그람양성 세균	그람음성 세균
염색 전	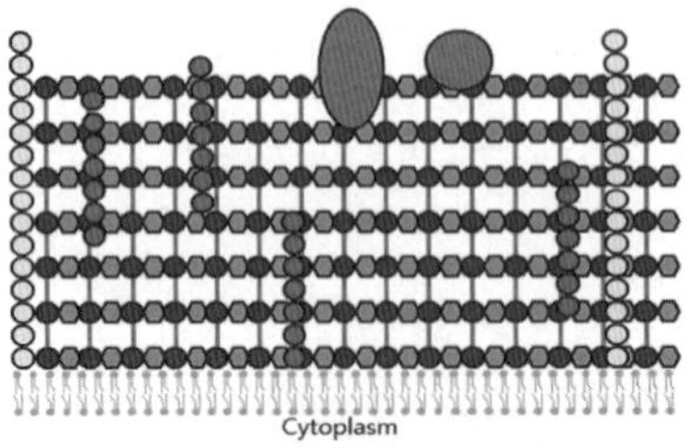	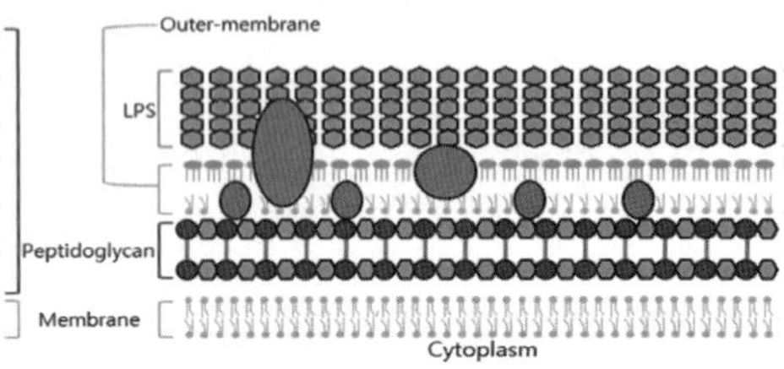
염색	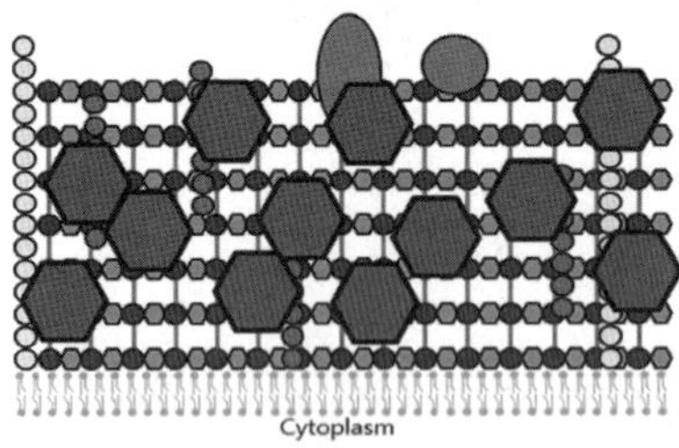	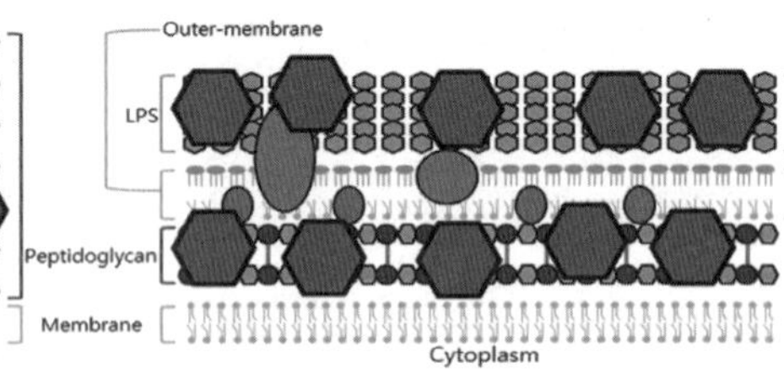
매염	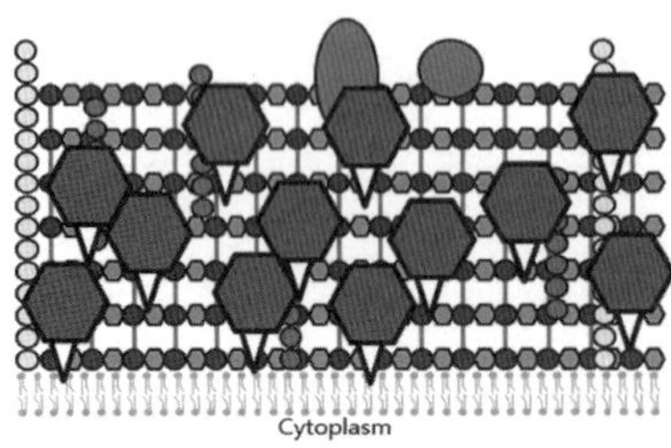	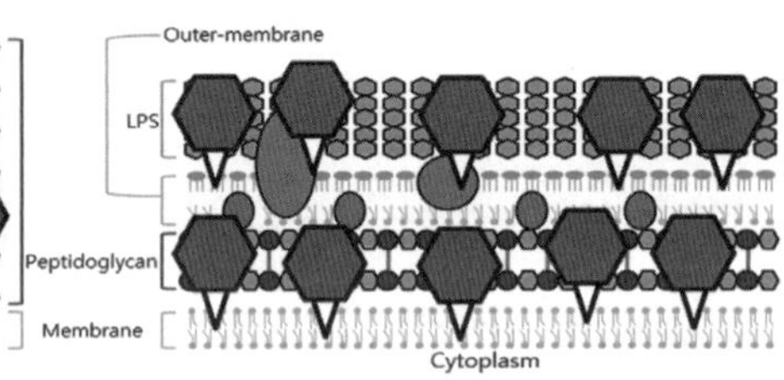
탈색	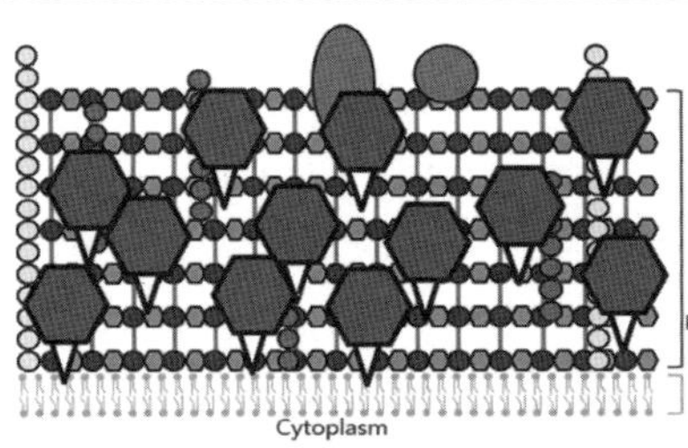	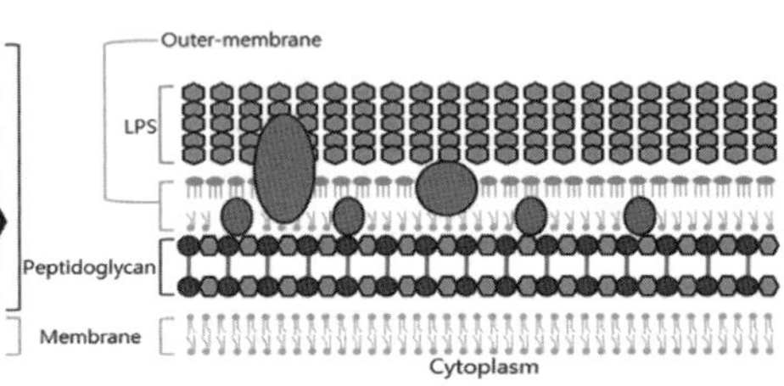
대조 염색	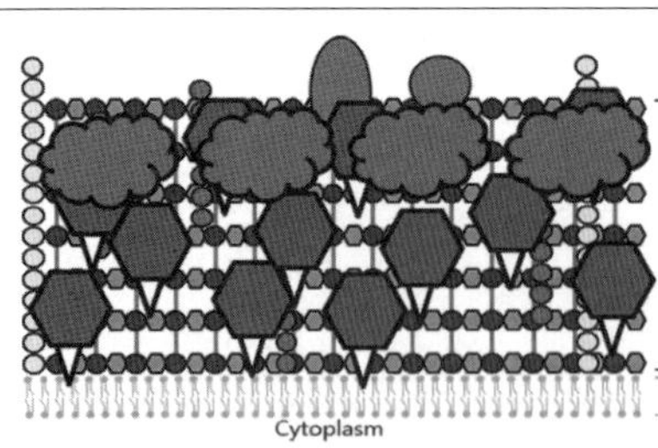	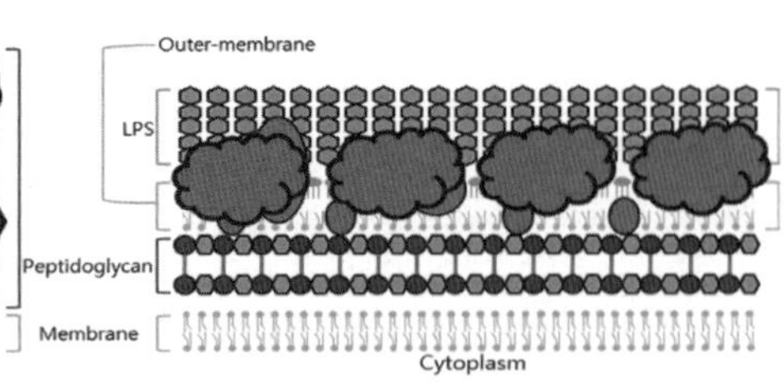

3.2 실험목표

1) 그람염색을 통해 그람양성균과 그람음성균 구분

3.3 재료 및 기구

1) **실험균** : 그람양성{Gram(+)}세균, 그람음성{Gram(−)}세균

2) **기구** : 슬라이드글라스(slide glass), 커버슬립(cover slip), 백금이(platinum loop), 알코올 램프, 20 μl 파이펫(pipette), 20−200 μl 파이펫 팁(pipette tip), 핸드타올

3) **시약** : 크리스탈 바이올렛 용액(crystal violet solution), 요오드 용액(iodine solution), 사프라닌 용액 (safranin solution) 증류수(D.W; distilled water), 70% 에탄올(EtOH)

   - 크리스탈 바이올렛 용액(1% crystal violet)
   - 요오드 용액(0.4% NaOH, 2% Iodine crystal, 0.1% potassium iodide)
   - 사프라닌 용액(0.2% safranin, 10% ethanol)

4) **기기** : 광학현미경(light microscope)

3.4 실험 방법

① 슬라이드글라스를 알코올로 깨끗이 닦아 불순물 제거 후, 증류수 한 방울을 떨어뜨린다.

※ 도말이 고르지 못하거나 두꺼우면 각각의 과정에 더 오랜 시간을 필요로 할 수 있다.

② 액체배지에서 18-24시간 배양한 균을 슬라이드글라스에 소량 옮긴다.

③ 공기 중에서 건조시키거나 알코올 램프 위를 3,4회 통과시켜 고정한다.

④ 염색제인 크리스탈 바이올렛을 처리하고, 약 20초간 반응시킨다.

⑤ 염색시약을 증류수로 세척한다.

⑥ 매염제인 요오드 용액을 처리하고, 약 1분간 반응시킨다.

⑦ 탈색제인 70% 에탄올을 사용하여 10~20초간 반응시킨다.

※ 탈색 시간을 길게 했을 경우 그람양성균 또한 탈색되어 그람음성균처럼 관찰될 수 있다.

⑧ 대조염색제인 사프라닌 용액을 처리하고, 30초간 염색 후, 증류수로 탈색제를 씻어낸 후 공기중에서 건조시킨다.

⑨ 커버슬립을 덮어 광학현미경으로 관찰한다.

	-	염색	매염	탈색	대조염색
		크리스탈 바이올렛	아이오딘	70% 에탄올	사프라닌
양성균	 무색	 자주색	 자주색	 자주색	 자주색
음성균	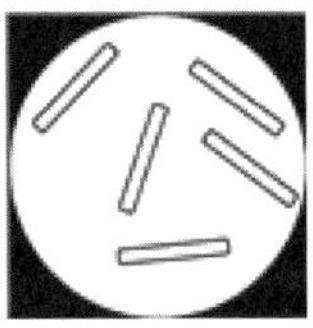 무색	 자주색	 자주색	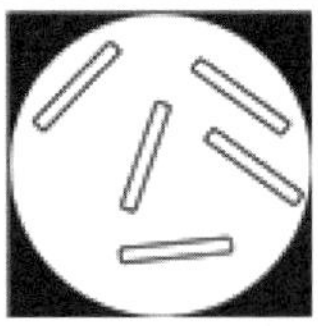 무색	 분홍색

3.5 고찰

1) 관찰한 세포의 사진 및 드로잉

2) 검경한 샘플을 그람양성균과 그람음성균으로 구별

3) 크리스탈 바이올렛 용액보다 색깔이 옅은 사프라닌 용액으로 대조염색을 한 이유

실험 4 혈액형 및 혈구

4.1 이론

4.1.1 심혈관계

심장과 혈관으로 이루어진 인체의 중요한 생리학적 시스템을 가리킨다. 혈액을 심장에서 몸 전체로 운반하고, 산소와 영양소를 세포에 공급하며, 노폐물을 제거하여 세포의 기능을 유지하는 역할을 한다.

심혈관계는 크게 두 부분으로 뉘어진다. 첫째는 **심장**으로, 이는 심혈관계의 중심에 위치하며 혈액을 몸 전체로 펌핑(pumping)하여 순환시키는 역할을 한다. 둘째는 **혈관**으로, 이는 심장에서 나온 혈액을 몸 전체로 운반하는 역할을 한다. 크게 동맥, 정맥, 및 림프관으로 구성되며, 각각의 역할과 특징이 다르다.

4.1.2 혈액

혈액은 혈관을 통해 체내를 순환하면서 산소(oxygen), 영양분(nutrients), 호르몬(hormones), 대사에 의한 노폐물(metabolic waste) 등을 운반하는 운반작용과 pH 및 체온, 수분을 유지하는 조절작용, 항체(antibodies) 및 혈구(blood cells)를 운반하는 방어작용과 혈소판(platelets)으로 인한 지혈작용 등의 기능을 보유하고 있다.

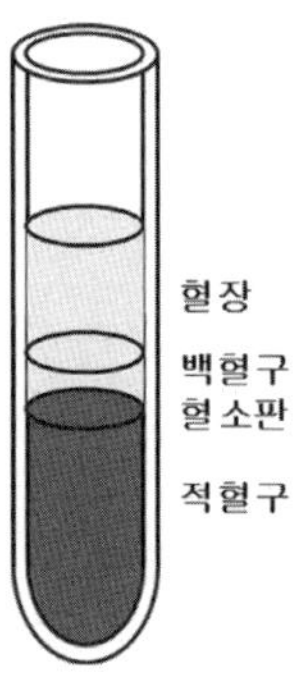

혈액은 액체성분인 **혈장(plasma)**과 세포성분(고형성분)인 **혈구**(blood cells)로 구성되어 있다. 혈장은 대부분 물로 이루어져 있고 포도당(glucose), 단백질(protein), 지질(lipid), 무기염류(mineral) 등이 녹아있어 각 세포로 영양소를 운반할 수 있으며, 혈구에는 적혈구(erythrocyte), 백혈구(leukocyte), 혈소판(platelet)이 있다. 적혈구는 타원형의 혈구로 한가운데에 핵이 있고 헤모

글로빈(hemoglobin)을 포함하고 있다. 헤모글로빈의 철분이 산소와 결합하여 각 세포로 산소를 공급해주며 이 결합 때문에 적혈구는 붉은색을 나타낸다. 백혈구는 주로 혈액이나 조직 내에서 이물질을 잡아먹는 식균 작용(phagocytosis)을 하거나 항체(antibody)를 형성하여 신체를 보호하는 기능을 하며, 과립성 백혈구(glanulocytes)인 호산구(eosinophili), 호염기구(basophili), 호중구(neutrophili)와 무과립성 백혈구인 림프구(lymphocyte)와 다핵구로 나눠진다. 혈소판은 혈액의 응고(blood coagulation)나 지혈작용(hemostasis)에 관여한다.

4.1.3 지혈작용

지혈작용은 혈액이 혈관 밖으로 새어나가는 것을 막는 과정이다. 혈소판은 혈관이 손상되면 상처 부위로 이동하여 그 부위를 덮는 역할을 하며 혈소판 트리거 기작을 통해 활성화된다. 혈소판의 트롬보키나아제(thrombokinase)는 Ca^{2+}에 의해 활성화되며, 프로트롬빈(prothrombin)을 활성화 분자인 트롬빈(thrombin)으로 바꿔주는 촉매역할을 한다. 트롬빈은 피브리노겐(fibrinogen)을 피브린(fibrin)으로 활성화시킨다. 최종적으로 피브린과 혈구가 얽혀 혈전을 만들어 혈관에서의 혈액 손실을 막는다.

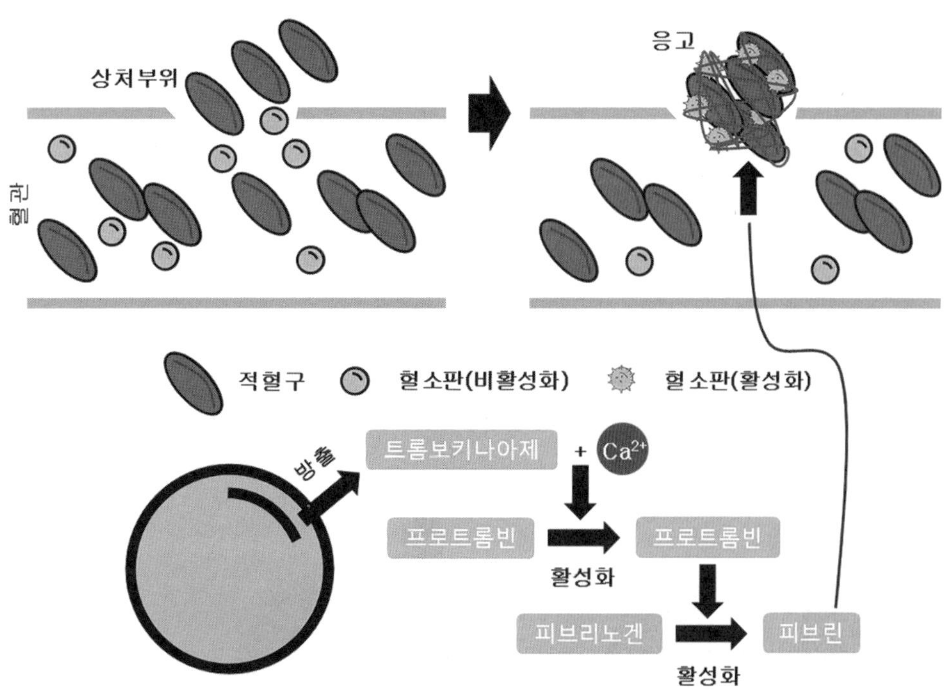

4.1.4 혈액형

혈액형은 적혈구의 세포막에 있는 항원인 특수한 당단백질의 종류에 따라 A, B, O, AB형으로 분류된다. 이를 응집원(agglutinogen)이라고 하며 A형은 적혈구의 세포 표면에 A형 응집원을 갖고, B형은 B형 응집원을, AB형은 A,B형 응집원 모두를 가지며 O형은 응집원을 갖지 않는다. 이에 대응하는 응집소(agglutinin)는 응집원과 반응하여 응집을 일으키는 항체로, A형은 혈청 내에 항B 응집소(β)가 들어있고 B형에는 항A 응집소(α)가 들어있다. AB형에는 응집소가 없으며 O형에는 항A와 항B 응집소(α,β)가 모두 들어있다.

4.1.5 봄베이 혈액형

봄베이 혈액형은 인도 서부 지역에서 처음으로 발견된 희귀한 혈액형 중 하나이다. 봄베이 혈액형은 일반적으로 ABO 혈액형 시스템의 A, B, AB, O혈액형과는 다르게 분류된다. 봄베이 혈액형은 H항원이 발현되지 않는데, H항원은 보통의 혈액형을 구분짓는 A, B 항원과 적혈구의 접합에 도움을 준다. H항원이 없는 봄베이 혈액형은 A, B 항원의 유무와 관련없이 ABO 혈액형 시스템으로는 마치 O형처럼 항원-항체 결과를 얻게 된다. 봄베이 혈액형은 응급 상황에서 특히 중요하다. 이 혈액형을 가진 사람들은 봄베이 혈액형과 호환되는 혈액만을 수혈해야 한다. 그렇지 않으면 심각한 항원-항체 반응이 발생할 수 있다.

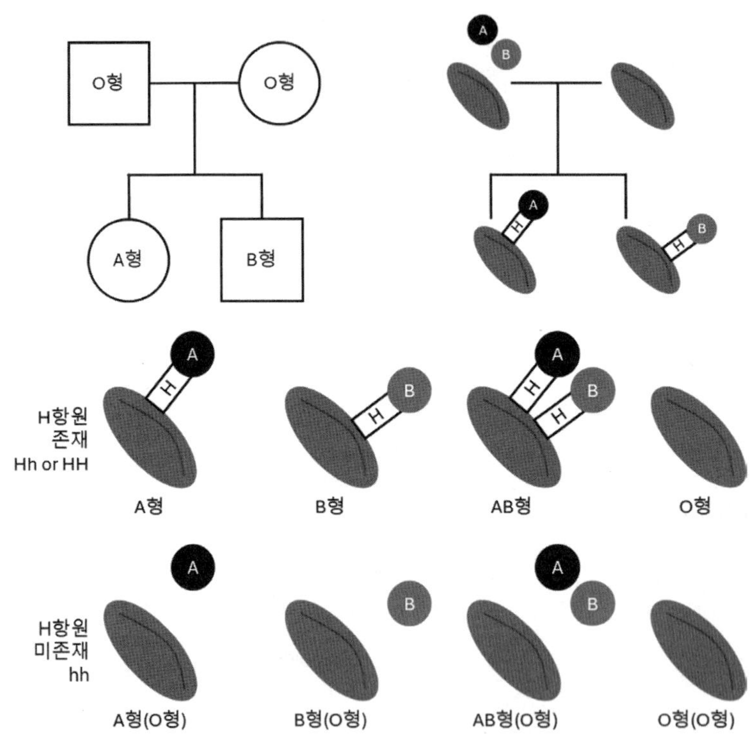

4.2 실험목표

1) 혈액 내 구성성분 관찰

2) 혈액형 판별

4.3 재료 및 기구

1) 실험 군 : 혈액

2) 기구 : 슬라이드글라스(slide glass), 커버슬립(cover slip), 알코올램프, 20 ㎕ 파이펫(pipette), 20–200 ㎕ 파이펫 팁(pipette tip), 란셋(lancet), 핸드타올

3) 시약 : 표준혈청{항A(anti–A), 항B(anti–B), 항D(anti–D) 혈청(serum)}, 3.8% 구연산나트륨(sodium citrate solution), 70% 에탄올, 라이트염색액 또는 김자염색액(Wright 또는 Giemsa stain), 증류수

4) 기기 : 광학현미경(light microscope)

4.4 실험 방법

4.4.1 혈구세포 관찰

① 두 개의 슬라이드글라스 위에 란셋을 이용하여 혈액의 방울을 각각의 슬라이드글라스에 떨어뜨린다.

※ 란셋은 1회 사용 후, 바로 버린다.

※ 란셋 이용 전/후, 혈액채취 부위는 소독한다.

② 첫 번째 슬라이드글라스의 혈액에 구연산나트륨 용액을 한 방울 떨어뜨리고 피펫 팁을 이용하여 잘 섞어준 후, 커버슬립을 덮는다.

③ 두 번째 슬라이드글라스의 끝 쪽에 혈액을 떨어뜨린 후, 다른 슬라이드글라스로 가운데 쪽으로 혈액을 얇게 밀면서 도말한다.

④ 혈액을 도말한 쪽이 위를 향하게 슬라이드글라스의 끝부분을 들고 알코올램프의 불 위에서 좌우로 흔들면서 순간적으로 말린다.

⑤ 마른 혈액 위에 라이트용액(김자액)을 떨어뜨리고 5분간 처리한다.

⑥ 증류수로 가볍게 씻어낸다.

※ 혈액이 씻겨 나갈 수 있으므로 주의해야 한다.

⑦ 증류수가 약간 남아있는 상태에서 커버슬립 덮는다.

⑧ 광학현미경으로 관찰한다.

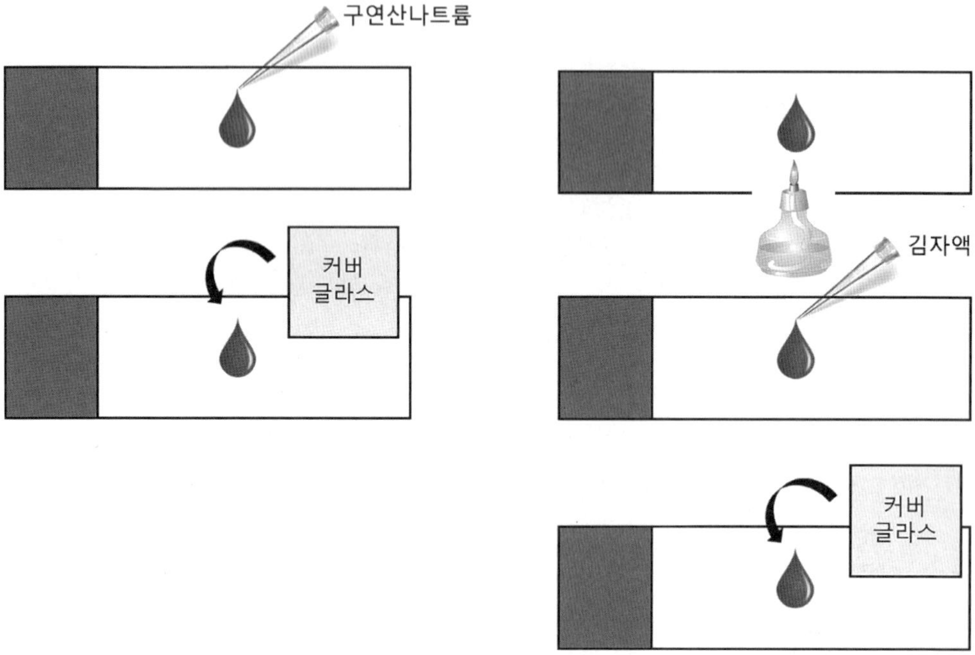

4.4.2 혈액형 분석

① 두 개의 슬라이드글라스를 준비하고, 준비한 혈액을 첫 번째 슬라이드글라스에 떨어뜨린다.

② 첫 번째 슬라이드글라스의 혈액에 구연산나트륨용액을 한 방울 떨어뜨리고 피펫팁을 이용하여 잘 섞어준다.

③ 커버글라스를 덮고 현미경으로 혈구세포를 관찰한다.

④ 두 번째 슬라이드글라스의 끝 쪽에 혈액을 떨어뜨린 후, 다른 슬라이드글라스로 가운데 쪽으로 혈액을 얇게 밀면서 도말한다.

⑤ 혈액을 도말한쪽이 위를 향하게 슬라이드글라스의 끝부분을 들고 알코올램프의 불 위에서 좌우로 흔들면서 순간적으로 말린다.

⑥ 마른 혈액 위에 김자액을 떨어뜨리고 5분간 둔다.

⑦ 증류수로 가볍게 씻어낸다.

※ 혈액이 씻겨 나갈 수 있으므로 주의.

⑧ 증류수가 약간 남아있는 상태에서 커버슬립을 덮고 현미경으로 관찰한다.

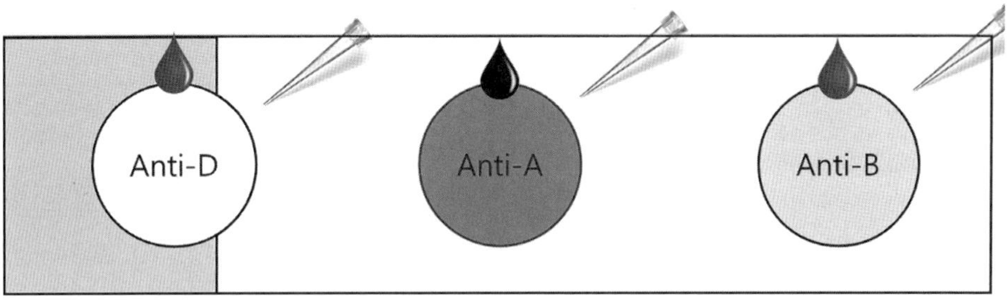

4.5 고찰

1) 혈액과 혈구세포의 기능
2) 혈액형 분석실험의 원리
3) 혈액 응집 반응과 그 결과에 따른 혈액형 판단
4) 혈액의 응고 과정과 실험에서 구연산나트륨 용액을 사용한 이유

실험 5 거대염색체

5.1 이론

5.1.1 염색체

염색체(chromosome)는 생물의 세포핵 안에 위치한 유전물질인 DNA가 담긴 구조물이다. 이들은 유전정보를 저장하고 전달하는 데 중요한 역할을 한다. 염색체는 일련의 유전자들로 구성되어 있으며, 각 유전자는 특정한 단백질을 만들거나 특정한 생물학적 기능을 조절하는 역할을 한다.

사람의 세포핵에는 보통 46개의 염색체가 존재하며, 이들은 23쌍으로 구성된다. 이 중 22쌍은 상염색체이며, 이들은 대체로 유전적 다양성과 연관되어 있다. 나머지 한 쌍은 성염색체로, 성별을 결정하는 데 중요한 역할을 한다.

유전자들은 염색체에 배열되어 있으며, 염색체의 구조와 상호작용은 유전적 특성과 특징을 결정하는 데 중요하다. 염색체는 생물의 발달과 진화, 유전적 질환 등에 관련된 연구에서 중요한 역할을 해왔다.

5.1.2 거대염색체

침샘 거대염색체는 일부 절지동물의 침샘에서 발견되는 특이한 형태의 염색체다. 이러한 종류의 거대염색체는 일반적으로 가닥 모양을 하고 있으며, 세포핵 안에 있다. 거대염색체는 일반적으로 다른 종류의 동물에서 보이는 전형적인 염색체와는 다른 모습을 하고 있다.

침샘 거대염색체는 유전자 발현에 중요한 역할을 한다. 특정한 조건이나 환경 변화에 대한 절지동물의 적응력을 결정하는 데 관여한다. 이러한 염색체의 구조와 기능에 대한 연구는 절지동물의 생태학, 진화 및 유전학적 특성을 이해하는 데 도움이 된다. 그 형태와 기능 면에서 흥미로운 연구

대상이며, 이러한 연구는 생물학적 다양성과 종 간의 다양한 진화적 전략에 대한 이해를 높이는 데 기여할 수 있다.

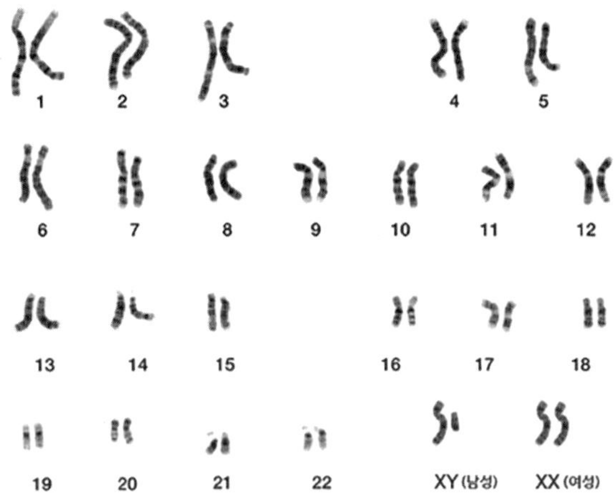

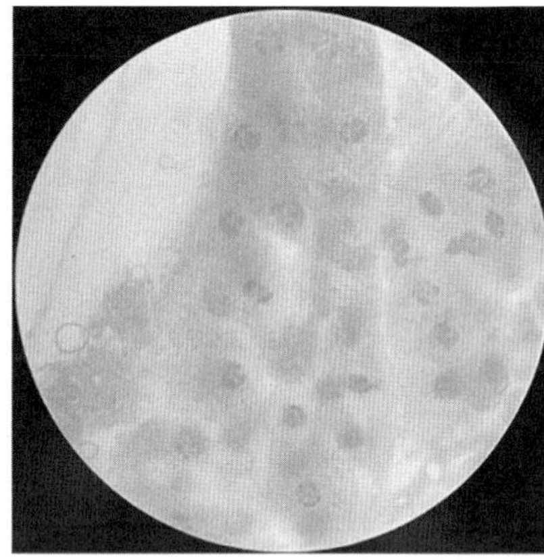

초파리 침샘 거대염색체

5.2 실험목표

1) 초파리 침샘 거대염색체 관찰

5.3 재료 및 기구

1) 실험군 : 초파리 3령 유충
2) 기구 : 슬라이드글라스(slide glass), 커버슬립(cover slip), 20 ㎕ 파이펫(pipette), 20-200 ㎕ 파이펫 팁(pipette tip), 포셉(forcep), 핸드타올
3) 시약 : 1X PBS, 아세토카민(aceto-carmine) 용액
4) 기기 : 실체현미경(해부현미경: dissection microscopy), 광학현미경(light microscope)

5.4 실험 방법

① 초파리 3령 유충을 1X PBS로 헹군다.
② 한 마리의 유충을 슬라이드글라스로 옮긴 후, 70% 에탄올을 한 방울 떨어뜨려 2분간 고정한다.

③ 1X PBS로 유충을 헹궈준다.

④ 실체현미경 재물대에 슬라이드글라스를 거치한다.

⑤ 유충의 머리 부분부터 제5 체절 부근을 한손의 포셉으로 붙들고 다른 한손의 포셉으로 머리를 빼내어 머리에서 소화기, 침샘 순으로 나오는 것을 확인 후, 한 쌍의 주머니 모양의 침샘만을 남기고 나머지 부분은 조심스럽게 제거한다.

⑥ 뽑아낸 침샘을 또 다른 슬라이드글라스 위에 놓은 후 아세트산카민 용액을 한 방울 떨어뜨리고 약 2분간 염색시킨 후 커버슬립을 덮는다.

⑦ 이 프레파라트(preparat)를 여과지 혹은 휴지 사이에 끼우고 엄지손가락으로 커버글라스의 정중앙을 조심스럽게 눌러 염색체가 잘 펴지도록 한다.(정중앙을 눌러야 하며, 밀리지 않도록 조심한다.)

⑧ 새어 나온 염색액을 여과지 혹은 화장지로 닦아낸다.

⑨ 광학현미경으로 관찰한다.

5.5 고찰

1) 관찰한 초파리의 사진 및 드로잉

분자유전학 실험서

Part 03

형질전환 동물 제작

실험 6 유전체 DNA 추출 및 중합효소반응

6.1 이론

6.1.1 돌연변이와 돌연변이체

다른 종 구성원들과는 다른 유전적 변이로 인해 다른 동물이나 식물은 돌연변이체 혹은 변종(mutant)이라고 한다. 유전적 코드의 변경을 돌연변이(mutation)라고 한다. 돌연변이는 하나의 염기서열 또는 DNA의 기본 구성 요소 중 하나를 다른 염기서열로 대체하는 것과 같은 미세한 수정을 포함한다.

6.1.2 DNA 클로닝

클로닝(cloning)이라는 용어는 과학적 목적을 위해 어떤 종류의 생물학적 물질을 복제하는 것을 의미하며, 개별 세포나 DNA 단편을 포함한다. 특정 DNA 단편의 여러 동일한 복사본을 만드는 과정을 DNA 클로닝이라고 칭한다. 전통적인 DNA 클로닝 과정에서는 관심 있는 유전자 또는 다른 DNA 단편에 원형 DNA 단편인 플라스미드(plasmid)라고 하는 원형 DNA 단편이 처음에 삽입된다. 삽입은 여러 소스의 단편으로 구성된 재조합된 DNA 분자 또는 다른 DNA로부터 구성된 DNA를 만든다. 이 작업은 DNA를 잘라내고 붙이는 효소를 사용하여 수행한다. 그 후에는 대장균에게 재조합 플라스미드를 흡수시킨다. 플라스미드를 운반하는 세균은 그들이 번식할 때 플라스미드에 포함된 DNA의 복사본을 생성하고 후손에게 전달한다.

6.1.3 중합효소연쇄반응(PCR; polymerase chain reaction)

PCR은 특정 DNA 서열을 대량으로 증폭하여 복제하는 데 사용된다. 특정 DNA 조각을 타겟팅하여 수십만 또는 수백만 배로 증폭시킬 수 있으며, 복제마다 2배로 증가하여 n번 복제 시, DNA 조각은 2n개로 증가한다. PCR에 필요한 것은 DNA 주형가닥(DNA template), 프라이머(혹은 시발체; primer) 한 쌍, *Taq pol(Taq polymerase)*, *Taq buffer*, dNTP를 필요로 한다.

*Taq pol*은 열호성 세균(thermophilic bacteria)인 *Thermus aquaticus*로부터 유래된 polymerase다. 보통의 효소는 최적활성온도가 37℃이며, 60-70℃에 도달 시, 변성된다. 하지만, *Taq pol*은 최적활성온도가 72℃이며, 높은 열에 대한 저항성을 갖는다. 이러한 이유로 *Taq pol*은 1960년도에 발견되어 아직까지도 사용되고 있다.

PCR은 크게 3단계로 나눠진다. 변성(denaturation), 결합(annealing), 증폭(amplification 혹은 extension)이며, 이는 Taq pol의 성질을 잘 반영한 결과이다.

1) 변성(95℃) : 이중가닥인 DNA이 열로 인해 분리되는 단계이다.
2) 결합(52-65℃) : 프라이머가 상보적인(complementary) 이중가닥에 결합하는 단계이다. 프라이머는 복제될 특정 영역의 시작점(시발점)으로 작용한다. 프라이머의 서열에 따라 결합되는 적정 온도가 결정된다. 적정 온도는 녹는점(Tm; melting temperature)보다 1-2℃낮게 설정하는 것이 이상적이다.

$$Tm : (4 \times [G+C]) + (2 \times [A+T])℃$$

[G+C] : primer에 존재하는 G와C 뉴클레오티드의 개수

[A+T] : primer에 존재하는 A와T 뉴클레오티드의 개수

3) 증폭(72℃) : Taq pol의 최적활성온도이며, 이때 DNA-프라이머의 복합체를 복사하여 DNA를 두 가닥 형성하게 된다.

※ 주의사항

① 프라이머의 염기서열은 증폭을 원하는 주형 DNA 부위의 가장자리 염기서열과 일치해야 한다.
② 정방향 프라이머와 역방향 프라이머는 혼성화가 일어날 수 있도록 주형 DNA에 상보적이어야 한다.
③ 결합된 primer의 3′ 말단이 서로 마주 보는 방향으로 위치해야 한다.
④ 프라이머의 길이가 너무 짧으면 주형에 비특이적으로 결합하여 원치 않는 증폭 산물을 생산한다.
⑤ 증폭시키고자 하는 DNA의 길이는 3kb(3,000 염기쌍) 이하가 적당하며, 이상적인 길이는 1kb 이하이다. 단편의 길이가 길어질수록 증폭 효율이 낮아지며, 일관된 결과를 얻기 어렵다.

6.1.4 유전체 DNA

유전체 DNA(gDNA; genomic DNA)는 생물체의 대부분 유전 정보를 나타낸다. 엑손(exon)과 인트론(intron)을 포함하고 있다. 다양한 생물체는 서로 다른 유전체 크기를 갖고 있다. 세균의 경우 몇 메가베이스(mbp), 바이러스의 경우 몇 킬로베이스(kbp), 고등 생물군의 경우 수십에서 수백 기가베이스(100gbps)입니다. 노랑초파리(*Drosophila melanogaster*)의 유전체 크기는 170백만 염기쌍(170 mbp)로 추정된다. 유전체 DNA는 분자 진단 분석, 서던 블롯(southern blotting), 중합효소 연쇄반응(PCR; polymerase chain reaction), 혼성화(hybridization), 단일염기다형성(SNP; single nucleotide polymorphism) 분석 및 라이브러리 구축과 같은 연구 응용 분야에 중요한 자원이다.

6.1.5 벡터

분자생물학에서 외래 유전자 물질을 다른 세포에 삽입하는 데 사용되는 도구를 벡터(vector)라고 한다. 대부분의 경우, 벡터는 벡터의 뼈대(backbone) 역할을 하는 큰 DNA 서열과 삽입물(transgene)로 구성된다. 유전자 물질을 다른 세포로 이동시키는 경우, 벡터의 주된 목표는 대상 세포에서 삽입물을 발현(expression), 복제(cloning) 또는 분리(seperation)하는 것이다. 벡터의 세 가지 주요 유형은 플라스미드(plasmids), 박테리오파지(bacteriophages), 코스미드(cosmid vectors)다. 인공 염색체도 클로닝에 사용되는 벡터로 사용된다. 그 중에서도, 플라스미드가 가장 자주 사용되는 벡터이다. 모든 설계된 벡터는 복제 원점(replication origin), 선택표지자(selectable marker) 및 다중-클로닝 사이트(multi-cloning site)를 공유한다.

6.1.6 GAL4/UAS 시스템

노랑초파리와 같은 유기체에서 유전자 발현과 기능을 조사하는 생물학적 기술 중 하나로 GAL4/UAS 시스템이 있다. 1988년에 발견되었으며, Gal4가 UAS 서열에 결합함으로써 유전자 발현이 촉진되었다. 이 방법은 1993년에 처음으로 노랑초파리에 적용되었으며, 유전자 발현을 분석하는 강력한 도구로 여겨지고 있다. GAL4 유전자는 효모 전사 활성화 단백질 GAL4를 인코딩하며, UAS(upstream activation sequence)는 GAL4가 특이적으로 결합하여 유전자 발현을 활성화하는 인핸서(enhancer)로 이 시스템을 구성한다.

6.2 유전체 DNA 추출

6.2.1 실험목표

1) 노랑초파리로부터 유전체 DNA 추출

6.2.2 재료 및 기구

1) 실험군 : 5-8일 야생형 성체 초파리(w^{1118})

2) 시료 : Solution A, TE buffer, 8 M potassium acetate solution, 100% 이소프로판올 (isopropanol), 70% 에탄올(EtOH)
   - Solution A{0.1 M Tris-HCl, 0.1 M EDTA(ethylene-diamine-tetraacetic acid), 1.5% SDS(sodium dodecyl sulfate), 1 % DEPC(diethylpyrocarbonate)}
   - TE buffer{0.1 mM Tris base(pH 10-11), 0.02 mM EDTA}

3) 기구 : 1.5 ㎖ e-튜브(1.5 ㎖ Eppendorf tube), 균질봉(homogenizer pestle), 20 ㎕ 파이펫 (pipette), 20-200 ㎕ 파이펫 팁(pipette tip)

4) 기기 : 히팅 블록(heating block), 원심분리기(centrifuger)

6.2.3 실험 방법

① 마취된 파리 5-8마리와 200 ㎕ solution A를 1.5 ㎖ e-튜브에 넣는다.

② 파리를 균질봉을 이용하여 균질화 후 500 ㎕ solution A를 추가로 첨가한다.

③ 히팅 블록: 70℃, 30분

④ 8 M potassium acetate solution을 91 ㎕ 첨가한 후, 아이스에 30분간 박아둔다.

⑤ 원심분리: 4℃, 13000 rpm, 15분

⑥ 상층액을 200 ㎕ 팁을 이용하여 취하고, 취한 용량의 반만큼 100% 이소프로판올을 첨가한다.

⑦ 원심분리: 4℃, 13000 rpm, 15분

⑧ 상층액을 제거하고 펠렛이 있는 튜브에 70% 에탄올을 첨가한다.

⑨ 원심분리: 4℃, 13000 rpm, 5분

⑩ 상층액을 제거하고 펠릿을 실온에서 공기 중에서 건조시킨다.

⑪ 100 ㎕ TE buffer를 첨가하고, 파이페팅을 통해 펠렛(pellet)을 용해한다.

6.3 중합효소반응

6.3.1 실험목표

1) 특정 DNA 서열을 PCR로 증폭

6.3.2 재료 및 기구

1) 시료 : DNA 주형가닥(template), Taq buffer, dNTP, DNA Taq 중합효소(*Taq pol*; polymerase), 한 쌍의 프라이머(혹은 시발체; primer), 증류수
2) 기구 : PCR 튜브 (0.2 ㎖ Eppendorf tube), 20 ㎕ 파이펫(pipette), 20-200 ㎕ 파이펫 팁(pipette tip)
3) 기기: PCR 기기

6.3.3 실험 방법

① 프라이머 디자인: 특정 유전자의 프라이머 한 쌍을 만드는 것을 필요로 한다. 해당 유전자를 찾고, 클로닝을 위해 사용될 제한효소(restriction enzyme)를 기반으로 정방향(forward) 및 역방향(reverse) 프라이머를 제작해야 한다.

② PCR 샘플 제조 (PCR 튜브)

구성성분	부피 (㎕)
Taq buffer	5
dNTP	1
정방향 프라이머	1
역방향 프라이머	1
DNA Taq pol	0.5
증류수	40.5
최종 샘플	50

③ PCR 기기 설정

1 cyc	25-30 cyc			1 cyc
95℃	95℃	52-65℃	72℃	72℃
5분	1분	30초	2분	5분

※ 주의사항

각각의 스텝은 사용하는 Taq pol에 따라 바뀔 수 있다. 일반적인 저가형 Taq pol은 복제 중에 일어나는 돌연변이(mutation)가 100만 염기쌍(base pair) 중 5-6개가 나타나게 되며, 이를 오차율이라 한다. 보통의 high fidelity *Taq pol*을 사용 시, 업체에서 제공하는 '결합'과 '증폭'의 시간과 온도를 확인 후 설정이 필요하다.

6.4 고찰

1) 다른 방법의 추출법 및 역전사 PCR과 이들의 이점/단점

실험 7 전기영동 및 DNA 추출, 정제

7.1 이론

7.1.1 전기영동

전기영동(electrophoresis)은 DNA 분자의 크기와 전하에 따라 DNA를 분리하는 기술이다. 전기장에 의해 이동하는 입자의 이동 속도가 입자 크기와 전하에 비례하는 것을 적용한 시험법이다.

일반적으로 DNA 전기영동은 폴리아크릴아마이드(polyacrylamide) 또는 아가로스(agarose) 젤(gel)로 인큐베이션 상에 DNA 샘플을 넣고, 전기장을 가하여 DNA 분자를 분리하는 프로세스이다. 이 과정에서 DNA는 전기장의 방향에 따라 이동하게 된다. DNA의 인산기(PO_4^{3-})가 음전하를 띠고 있기 때문에 가능하다. 크기가 큰 DNA 분자는 작은 분자보다 느리게 이동한다. DNA 형태에 따라 이동속도도 달라지며, 슈퍼코일(super coil) -> 선(linear) -> 열린원형(open circular) 순으로 이동속도가 빠르다. DNA 전기영동은 DNA 프로파일링, 유전자 분리 및 측정 등 다양한 응용 분야에서 중요한 도구로 사용된다.

7.2 전기영동

7.2.1 실험목표

1) PCR 산물을 전기영동하여 DNA 크기 확인

7.2.2 재료 및 기구

1) 실험군 : PCR 산물

2) 시료 :

① 0.5-1X TAE (Tris-Acetate-EDTA) buffer

② 아가로오즈겔

- 0.5-1X TAE buffer

0.7% 아가로오즈

0.2-0.5 ㎍/㎖ EtBr

※ 주의 : EtBr 사용 시, 장갑을 꼭 착용해야 한다. 또한, EtBr을 다룰 시에 사용한 장갑은 오염된 장갑이라 가정해야 하며, 오염된 장갑으로 다른 실험기구나 실험대를 만져서는 안된다. 이러한 EtBr의 위험성으로 인해, 위험성을 낮춘 EtBr의 대체품도 나오고 있다.

③ DNA 염색시약

④ DNA ladder(marker)

※ PCR 산물의 예측 크기에 따라 1kb DNA ladder 혹은 1kb(+) DNA ladder 등을 선택하여 사용한다.

3) 기구 : 1.5 ㎖ e-튜브(1.5 ㎖ Eppendorf tube), 10 ㎕ 파이펫(pipette), 20 ㎕ 파이펫(pipette), 10 ㎕ 파이펫 팁(pipette tip), 20-200 ㎕ 파이펫 팁(pipette tip), 랩(wrap)

4) 기기 : 전기영동기(DNA electrophoresis machine), UV 발산기(UV transilluminator)

7.2.3 실험 방법

① 1.5 ㎖ e-튜브에 20 ㎕ PCR 산물과 4 ㎕ DNA 염색시약을 첨가하여 파이페팅하여 혼합한다.

② 전기영동기에 아가로오즈겔을 거치한다.

③ 0.5-1X TAE 완충액을 표시선까지 채운다.

④ PCR 산물 혼합액을 10-20 ㎕ 로딩하며, DNA ladder도 3-5 ㎕ 로딩한다.

※ 로딩 시, 팁을 겔 콤(comb)에 넣을 시, 지면과 수직으로 곧게 넣어야 한다. 또한 로딩 후 파이펫팅을 하지 않는다.

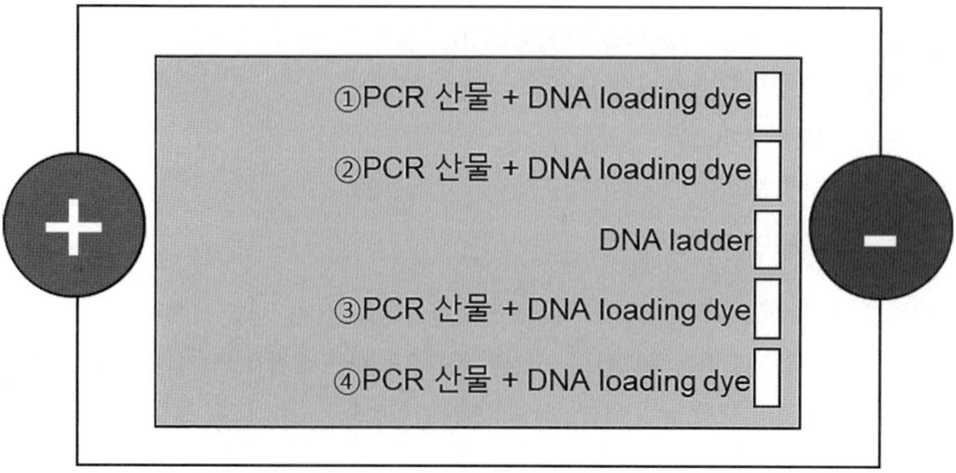

⑤ 전기영동기를 전압에 맞는 시간동안 작동시킨다.

⑥ UV 발산기 위에 랩을 깔고, 전기영동을 마친 젤을 올려 DNA 밴드(band)를 확인한다.

※ UV는 DNA에 돌연변이를 형성할 수 있으며, 최대한 약한 세기의 UV로 확인하는 것이 좋다. 또한 UV 발산기 사용 시, UV 가림막 없이 육안으로 관찰하지 않아야 한다.

⑦ UV 발산기 위에서 젤을 잘라 1.5 ㎖ 튜브에 옮겨 보관한다.

7.3 DNA 추출

7.3.1 목표

1) 전기영동된 PCR 산물의 젤 추출 및 정제

7.3.2 재료 및 기구

1) 실험군: 잘린 전기영동겔

2) 시료 :

① QX1 완충액

② PE 완충액

③ 비드(bead)
④ 3차 증류수(3 deionized water)

3) 기구 : 1.5 mℓ e-튜브(1.5 mℓ Eppendorf tube), 10 μℓ 파이펫(pipette), 20 μℓ 파이펫(pipette), 1000 μℓ 파이펫(pipette), 10 μℓ 파이펫 팁(pipette tip), 20-200 μℓ 파이펫 팁(pipette tip), 1000 μℓ 파이펫 팁(pipette tip)
4) 기기 : 히팅 블록(heating block), 원심분리기(centrifuger), 혼합기(vortexer)

7.3.3 실험 방법

① DNA 밴드가 포함된 겔을 500 μL의 QX1 완충액에 용해시킨다.
② 히팅 블록: 50°C, 10분 (2분마다 10초간 혼합기로 혼합)
③ 7 μℓ 비드를 첨가한다.
④ 원심분리: 21℃, 13000rpm, 1분
⑤ 상층액을 제거한다.
⑥ 500 μℓ PE 완충액(세척용)을 첨가하고, 30초간 혼합기로 혼합한다.
⑦ 원심분리: 21℃, 13000rpm, 1분
⑧ 상층액을 제거한다.
⑨ ⑥-⑧ 단계를 반복한다.
⑩ 공기중에서 펠렛의 절반 너비를 건조한다.
⑪ 20 μℓ 3차 증류수를 첨가한다.
⑫ 히팅 블록: 50°C, 2분 (1분마다 10초간 탭핑)
⑬ 상층액을 다른 1.5 mℓ 튜브로 옮겨 보관한다.

7.4 고찰

1) DNA의 크기 추정하기

실험 8 수용성 세포 제작 및 형질전환

8.1 이론

8.1.1 수용성 세포

수용성(competence)은 DNA를 흡수하는 능력을 일컬으며, 수용성 세포를 이용하여 형질전환(transformation)을 가능케 한다. 화학적으로 유전자 조작이 가능한 수용성 세포(competent cell)를 생산할 수 있다. 이러한 세포들은 암플리콘(amplicon) 또는 재조합 플라스미드(recombinant plasmid)와 같은 외부 DNA를 흡수할 수 있는 능력을 갖고 있다. 얼음 위에서 DNA가 생존가능한 세포에 도입된다. 변환된 대장균 세포에서 DNA를 쉽게 회수할 수 있다. 이러한 세포는 두 가지 방법으로 능력을 갖추게 된다.

1) 열충격법(Ca_2Cl) : 이 기술은 히가(Higa)와 맨델(Mendel)에 의해 고안되었다. Ca_2Cl로 처리 후, 대장균 세포들을 42℃에 노출시킨다. 이를 열충격(heat shock) 처리 기술이라 한다.

2) 전기천공법 : 수용성 세포를 전기장에 노출하여 세포의 투과성을 증가시켜, DNA를 세포 내로 넣는 기술이다.

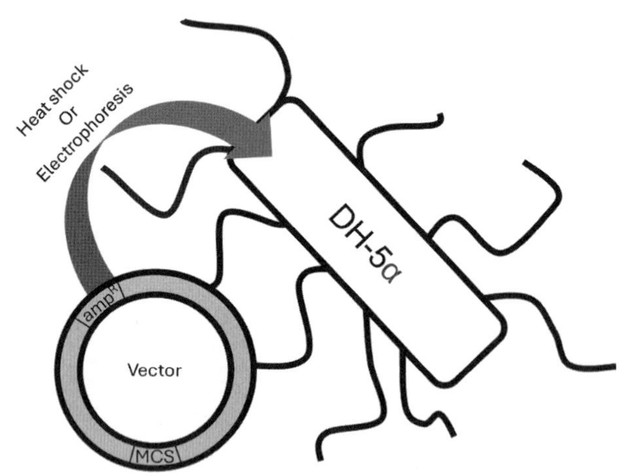

8.1.2 T-blunt 벡터 클로닝

T-blunt 벡터 클로닝은 PCR 산물이나 다른 DNA 단편을 제한효소 처리 없이, 클로닝하는 데 사용된다. PCR 산물의 말단부의 형태와 상관없이 벡터에 도입할 수 있다. 물론 MCS(multi-cloning site; 다중 클로닝 부위)와 항생제 내성(antibiotics resistance) 유전자, 제한효소 자리 등을 포함한다. 또한 도입된 DNA가 있어야만 형질전환 시 콜로니를 형성한다.

8.1.3 형질전환

외부 유전자 물질이 세포막을 통해 직접 세포 내로 들어가서 흡수되고 통합되는 과정을 형질전환이라 한다. 이러한 과정은 일반적으로 세포가 수용 상태(열처리 혹은 전기처리)에 있을 때 발생한다.

8.1.4 플라스미드 프렙

플라스미드 프렙(plasmid prep)은 플라스미드 DNA의 추출과 정제를 포함하는 많은 분자생물학 과정에서 중요한 단계이다. 준비 크기에 따라 플라스미드 준비에는 기가(giga)-, 메가(mega)-, 맥시(maxi)-, 미디(midi)-, 그리고 미니(mini)-프렙이 있다. 필요한 플라스미드 DNA 양과 그것이 사용될 특정 목적에 따라 사용된다.

8.2 수용성 세포 제작

8.2.1 실험 목표

1) 수용성 세포 제작

8.2.2 재료 및 기구

1) 실험군 : 대장균(Escherichia coli) DH5α (항생제저항성 없는 균주)
2) 기구 : 50 ㎖ 튜브(conical tube), 1000 ㎕ 파이펫(pipette), 1000 ㎕ 파이펫 팁(pipette tip), 아이스버킷 & 얼음, 1.5 ㎖ e-튜브(eppendorf tube), 알코올램프(alcohol lamp) 혹은 클린벤치(clean bench), 스탁박스, 50 ㎖ 주사기(syringe), 45㎕ 필터(filter)

2) 시약 :

① 형질전환용 완충액(transformation buffer)

- 0.1M $CaCl_2$
- 10 mM PIPES
- 250 mM KCl
- 55 mM $MnCl_2$
- 제조 후 주사기 필터링 필요

② 글리세롤 완충액(glycerol buffer)

- 0.1M $CaCl_2$
  20% 글리세롤(glycerol)

③ 멸균된 증류수

④ 액화질소

3) 기기: 원심분리기(centrifuger), 디프리저(deep freezer)

8.2.3 실험 방법

① 50 ㎖ 튜브 2개에 각각 전날 키운 DH5α 균주를 10 ㎖씩 분주한다.

② 원심분리 : 4℃, 3000rpm, 10분

③ 상층액을 버린 후 침강된 세포에 형질전환용 완충액를 2 ㎖ 씩 넣고 아이스버킷 위에서 세포를 재현탁한다. (혼합기 사용 X)

④ Cold shock : 50 ㎖ 튜브를 통째로 얼음에 30분간 박아둔다.

⑤ 원심분리 : 4℃, 3000rpm, 10분

⑥ 상등액을 버린 후 침강된 세포에 형질전환용 완충액을 1 ㎖ 씩 넣고 아이스버킷 위에서 세포를 재현탁한다. (혼합기 사용 X)

⑦ 1.5 ㎖ e-튜브에 100 ㎕씩 분주 후 액화질소가 담긴 아이스버킷에 보관한다.

⑧ 현탁된 세포를 모두 1.5 ㎖ e-튜브에 분주했다면, 스탁박스에 담아 디프리저에 보관한다.

8.3 T-blunt 벡터 클로닝

8.3.1 실험목표

1) T-blunt 벡터 클로닝

8.3.2 재료 및 기구

1) 실험군 : 정제된 DNA

2) 시료 :

① T-Blunt 벡터

② 6X T-Blunt 완충액

- 1.2 M NaCl

- 0.06 M $MgCl_2$

③ 3차 증류수(3 deionized water)

④ 대조군 DNA(control insert)

3) 기구 : 1.5 ㎖ e-튜브(1.5 ㎖ Eppendorf tube), 10 ㎕ 파이펫(pipette), 10 ㎕ 파이펫 팁 (pipette tip)

8.3.3 실험 방법

① 아래와 같이 혼합물을 제조한다.

실 험 군

구성성분	부피 (㎕)
정제된 DNA	0.5-4.0
6X T-Blunt 완충액	1
T-Blunt 벡터	1
3차 증류수	-
최종 샘플	6

대 조 군

구성성분	부피 (㎕)
대조군DNA	1
6X T-Blunt 완충액	1
T-Blunt 벡터	1
3차 증류수	3
최종 샘플	6

② 상온에서 5-10분간 반응시킨다.

8.4 형질전환

8.4.1 실험 목표

1) 수용성 세포에 벡터 형질전환

8.4.2 재료 및 기구

1) 실험군 : 형질전환된 DH5α
2) 기구 : 1.5 ㎖ e-튜브(eppendorf tube), 1000 ㎕ 파이펫(pipette), 1000 ㎕ 파이펫 팁(pipette tip), 아이스버킷 & 얼음, 알코올램프(alcohol lamp) 혹은 클린벤치(clean bench), 도말봉
3) 시약 : LB 액체배지(Luria-Berani broth media), LB+amp 고체배지(Luria-Berani agar media + 50 ㎍/㎖ampicillin), 멸균수(autoclaved distilled water)
4) 기기 : 원심분리기(centrifuger), 히팅 블록(heat block), 디프리저(deep freezer), 배양기(incubator)

8.4.3 실험 방법

① 냉동보관한 수용성 세포를 아이스버킷에서 서서히 녹인다.
② 플라스미드 20 ㎕을 수용성 세포에 넣는다.
③ Tapping(가볍게 두드리기)으로 섞어준다. (혼합기 사용 X)
④ Cold shock: 아이스버킷에 30분간 보관한다.
⑤ Heat shock: 항온수조에서 42℃, 45초간 보관한다.
⑥ LB 배지를 880 ㎕ 씩 넣어 1 ㎖을 제조한다.
⑦ 배양기: 37℃, 0rpm, 40분
⑧ 원심분리: 37℃, 13000rpm, 1분
⑨ 클린벤치 혹은 알코올램프 근처에서 상등액은 버리고 멸균수(200 ㎕)로 세포를 재현탁한다.
⑩ 세포현탁액 100 ㎕를 취한 후 LB+amp 고체배지에 분주 후, 도말봉으로 넓게 도말한다.
⑪ 배양기: 37℃, 0rpm, 10-12시간
⑫ 콜로니를 관찰한다.

8.5 미니프렙

8.5.1 실험 목표

1) 균 배양
2) 플라스미드 추출

8.5.2 재료 및 기구

1) 실험균 : 대장균(*Escherichia coli*) DH5α (항생제저항성 없는 균주), 플라스미드

2) 기구 : 1.5 ㎖ e-튜브(eppendorf tube), 아이스버킷 & 얼음, 1000 ㎕ 파이펫(pipette), 1000 ㎕ 파이펫 팁(pipette tip), 200 ㎕ 파이펫 팁(pipette tip), 14 ㎖ 튜브(round bottom tube), 알코올램프(alcohol lamp) 혹은 클린벤치(clean bench), 백금이(platinum loop)

3) 시약 :
① LB 액체배지(Luria-Berani broth media)
② LB 고체배지(+항생제)(Luria-Berani agar media)
③ 멸균수(autoclaved distilled water)
④ 용액 I{50 mM 포도당, 25 mM Tris-cl (pH 8.0), 10 mM EDTA (pH 8.0)}
⑤ 용액 II(0.2N NaOH, 1% SDS)
⑥ 용액 III(3 M potassium acetate, pH 4.8)
⑦ Phenol:chloroform:isoamylalcohol(25:24:1)
⑧ 100% 에탄올(EtOH)
⑨ 70% 에탄올(EtOH)

4) 기기 : 원심분리기(centrifuger), 히팅 블록(heat block), 디프리저(deep freezer), 배양기(incubator), 혼합기(vortexer)

8.5.3 실험 방법

1) 배양

① 200 ㎕ 파이펫 팁을 이용하여 LB 고체배지의 콜로니를 채취한다.

② 콜로니를 채취한 200 ㎕ 파이펫 팁을 3 ㎖ LB 액체배지가 포함된 14 ㎖ 튜브에 배출한다.

③ 14 ㎖ 튜브의 뚜껑을 공기가 통할 정도로 닫는다.

④ 배양기: 37℃, 0rpm, 10-12시간

2) 세포 회수

① 14 ㎖ 튜브에서 1 ㎖을 1000 ㎕ 파이펫으로 1.5 ㎖ e-튜브로 옮긴다.

② 원심분리: 21℃, 13000rpm, 1분

③ 상등액을 제거한다.

④ ①-③을 2회 더 반복한다.

3) 미니프렙

① 150 ㎕ 용액 I을 넣고, 펠렛이 풀릴 때까지 혼합기로 혼합한 후, 5분간 반응시킨다.

② 150 ㎕ 용액 II을 넣고, 20회 위/아래로 뒤집으면서 혼합한다.

③ 210 ㎕ 용액 III을 넣고, 20회 위/아래로 뒤집으면서 혼합한다.

④ 원심분리: 21℃, 13000rpm, 10분

⑤ 튜브를 5분간 얼음 위에 보관한다.

⑥ 원심분리: 21℃, 13000rpm, 10분

⑦ 피펫을 이용하여 상등액(약 430 ㎕)을 새 1.5 ㎖ e-튜브에 옮긴다.

⑧ Phenol:chloroform:isoamylalcohol(25:24:1)을 430 ㎕ 넣고 1분간 혼합기로 혼합한다.

⑨ 원심분리: 21℃, 13000rpm, 2분

⑩ 파이펫을 이용하여 상등액(약 400 ㎕)을 새 e-tube에 옮긴다.

⑪ 4℃에서 보관한 100% 에탄올을 800 ㎕을 넣고 위/아래로 뒤집으면서 섞어준다.

⑫ 원심분리: 21℃, 13000rpm, 10분

⑬ 상등액을 파이펫을 이용해 제거 후, plasmid DNA 침전물을 확보한다.

⑭ 플라스미드 DNA가 침착된 e-tube를 30분간 건조시킨다.

⑮ 50 ㎕의 증류수를 넣고 태핑하여 혼합한다.

8.6 고찰

1) 수용성 세포의 목적에 따른 종류

2) 다른 종류의 프렙법

3) 콜로니 선별

실험 9

실험 9. DNA 제한 및 연결

9.1 이론

9.1.1 DNA 제한

DNA는 제한효소(restriction endonuclease) 처리 과정 중 주변 DNA 서열에 의해 결정된 정확한 위치를 절단(restriction 혹은 digestion)한다. 제한효소 처리를 수행하기 위해 대상 DNA 분자는 제한효소와 함께 시험관에서 배양된다. 이 효소들은 특정한 DNA 서열을 인식하고 인식된 서열 내부 또는 외부의 특정 염기에서 절단하기 위해 설계되었다. 제한효소 처리의 생성물은 둔단(염기쌍으로 끝나는 DNA 분자;blunt end) 또는 접착단(핵산이 돌출된 염기로 끝나는 DNA 분자;sticky end)이다. 클로닝 시, 특히 DNA 단편을 준비할 때, 주로 제한효소가 사용된다. 이는 DNA 단편이 연결(ligation)되어 건축 블록처럼 조립될 수 있다.

9.1.2 DNA 연결

두 개의 DNA 단편 사이에 인산디에스터(phosphodiester) 결합을 생성하는 과정을 연결(ligation)이라 한다. 연결 반응은 연결효소(ligase)라는 효소에 의해 촉매된다. 세포 내 연결효소는 DNA 복제로 인한 단일 및 이중 가닥을 고치는 역할을 한다. 실험실에서의 DNA 리가아제는 벡터를 타겟 DNA 단편과 연결해주는 역할을 하며, 숙주 생물체(본 실험에서는 대장균)에서 복제할 수 있는 운반 DNA 분자와 삽입 DNA 단편을 연결하는 데 사용된다.

9.2 DNA 제한

9.2.1 실험목표

1) 플라스미드를 제한효소 처리하여 선형 DNA로 변형

9.2.2 재료 및 기구

1) 실험군: 도입 DNA를 포함한 T-Blunt 벡터, pUAST 벡터
2) 시료:
   ① 제한효소
   ② 제한효소 완충액
   – 제한효소의 조합에 따라 1.1, 2.1, 3.1 완충액을 사용한다.
   ③ 3차 증류수(3 deionized water)
3) 기구 : 1.5 ㎖ e-튜브(1.5 ㎖ Eppendorf tube), 10 ㎕ 파이펫(pipette), 10 ㎕ 파이펫 팁 (pipette tip)
4) 기기: 히팅 블록(heat block)

9.2.3 실험 방법

① 아래와 같이 혼합물을 제조한다.

구성성분	부피 (㎕)
도입 DNA를 포함한 T-Blunt 벡터	5-15
X.1 제한효소 완충액	2
제한효소 I	0.5
제한효소 II	0.5
3차 증류수	2-12
최종 샘플	20

구성성분	부피 (㎕)
pUAST 벡터	5-15
X.1 제한효소 완충액	2
제한효소 I	0.5
제한효소 II	0.5
3차 증류수	2-12
최종 샘플	20

② 히팅 블록: 37℃, 90분

※ 90분을 초과하여 반응시킬 시, 자가연결(self ligation)이 발생할 수 있다.

③ 전기영동 후 도입된 DNA와 선형 pUAST 벡터를 각각 추출 및 정제한다.

9.3 DNA 연결

9.3.1 실험목표

1) 정제된 도입 DNA를 선형 pUAST 벡터에 도입 후 연결

9.3.2 재료 및 기구

1) 실험군 : 제한효소 처리된 정제 도입 DNA, 선형 pUAST 벡터

2) 시료 :

① 연결효소(ligase)

② CIP(alkaline phosphatase from calf Intestinal)

- 선형 플라스미드의 자가연결을 억제

③ 3차 증류수(3 deionized water)

3) 기구 : 1.5 ㎖ e-튜브(1.5 ㎖ Eppendorf tube), 10 ㎕ 파이펫(pipette), 10 ㎕ 파이펫 팁 (pipette tip)

9.3.3 실험 방법

① 아래와 같이 혼합물을 제조한다.

구성성분	부피 (㎕)
제한효소 처리된 정제 도입 DNA	4-8
선형 pUAST 벡터	2
CIP	1-1.5
Ligase	0.5
3차 증류수	8-15.5
최종 샘플	20

② 17℃, 밤 동안 반응 / 25℃, 4시간 반응

③ DH5α에 형질전환한다.

④ 미니프렙으로 플라스미드 추출 및 정제한다.

⑤ 전기영동하여 DNA 사이즈 확인한다.

⑥ 제한효소 처리 후 전기영동하여 DNA 사이즈를 재확인한다.

9.4 고찰

1) DNA 제한 및 연결 시 여러 개의 튜브를 다룰 때

2) CIP 원리

3) pUAST 벡터

분자유전학 실험서

Part 04

초파리 기관

실험 10 해부학

10.1 이론

10.1.1 해부학

해부학은 생물체, 특히 인간의 신체 구조를 연구하는 학문으로, 신체를 구성하는 뼈, 근육, 장기, 조직, 세포 등을 다룬다. 이는 의학적 진단과 치료, 생물학적 연구, 법의학적 조사 등 다양한 분야에서 필수적인 기초 지식을 제공한다. 해부학은 육안으로 관찰 가능한 구조를 연구하는 육안해부학과 현미경을 통해 세포와 조직을 연구하는 현미경해부학으로 나뉘어진다. 역사적으로 고대부터 현대에 이르기까지 의학과 과학 발전에 중요한 역할을 해왔으며, 오늘날에도 의료 교육과 연구, 기술 개발에 없어서는 안 될 학문이다.

10.1.2 초파리의 소화기관

① **입**(Mouth) : 초파리는 먹이를 섭취할 때 구강 기관을 사용하며, 이 기관은 주로 액체 형태의 먹이를 빨아들이는 기능을 한다.

② **인두**(Pharynx) : 입으로 들어온 음식이 식도를 통해 위로 전달된다. 식도는 얇고 길쭉한 관으로, 음식물이 위로 원활하게 이동하도록 한다.

③ **위**(Crop) : 식도 끝에 위치한 위는 일시적으로 음식물을 저장하는 역할을 한다. 이곳에서 음식물이 일부분 소화되기도 한다.

④ **전위**(Proventriculus) : 위와 중장의 경계에 위치한 전위는 음식물을 작은 조각으로 부수고 분쇄하는 역할을 한다. 이는 기계적 소화 과정이다.

⑤ **중장**(Midgut) : 주된 소화와 흡수: 중장은 초파리 소화기관의 주요 소화 및 흡수 장소이다. 여기서 음식물의 화학적 소화가 일어나고, 영양분이 혈액(헤몰림프)으로 흡수된다. 중장은 여러 가지 소화 효소를 분비하여 단백질, 지방, 탄수화물 등을 분해한다.

⑥ **후장**(Hindgut) : 중장에서 소화되지 않은 잔여물은 후장으로 이동한다. 후장은 물과 이온을 재흡수하여 체내 수분과 전해질 균형을 유지한다. 소화되지 않은 잔여물은 여기서 고형 대변으로 형성되어 배설된다.

⑦ **직장**(Rectum) : 직장은 후장의 끝부분으로, 배설물을 체외로 배출하기 전에 일시적으로 저장하는 역할을 한다.

⑧ **말피기안 세관**(Malpighian Tubules) : 배설 기관으로 이 세관들은 체내의 노폐물과 과잉 물질을 걸러내어 소화관으로 배출한다. 이는 신장과 유사한 기능을 수행하며, 체내의 삼투압을 조절하는 데 중요한 역할을 한다.

10.1.3 초파리의 뇌

① **광역신경절**(Protocerebrum) : 광역신경절은 복합안으로부터 오는 시각 정보를 처리하는 데 중요한 역할을 한다.

② **버섯체**(Mushroom Bodies) : 학습과 기억에 중요한 구조로 버섯체는 포유류의 해마와 유사한 기능을 수행하며, 냄새와 관련된 학습과 기억에 관여한다.

③ **변연신경절**(Deutocerebrum) : 후각 정보 처리: 변연신경절은 주로 촉각과 후각 정보를 처리한다. 촉각구(Olfactory Glomeruli)가 포함되어 있으며, 이는 후각 수용체 뉴런으로부터 오는 신호를 통합한다.

④ **삼엽신경절**(Tritocerebrum) : 삼엽신경절은 내장기관과의 연결을 담당하며, 식도와 연결되어 음식 섭취 및 소화 과정에서 중요한 역할을 한다.

⑤ **안구 신경절**(Optic Lobes) : 복합안으로부터 시각 정보를 받아 처리하는 주요 구조로, 안구 신경절은 뇌의 측면에 위치하며, 시각 정보를 분석하고 통합한다.

⑥ **중뇌 복합체**(Central Complex) : 운동 조절, 방향 감각, 공간 인지에 중요한 역할을 한다. 이 복합체는 다양한 신경회로로 구성되어 있어, 복잡한 행동을 조정한다.

10.2 실험목표

1) 초파리를 해부하여 뇌 관찰
2) 초파리를 해부하여 소화기관 관찰

10.3 재료 및 기구

1) 실험군 : 야생형 성충 초파리(w^{1118})
2) 시료: 1X PBS
3) 기구 : 1.5 ㎖ e-튜브(1.5 ㎖ Eppendorf tube), 1000 ㎕ 파이펫(pipette), 10 ㎕ 파이펫 팁(pipette tip), 페트리-디시(petri-dish), 포셉(forcep), 슬라이드글라스(slide glass), 커버글라스(cover glass), 아이스버킷 & 얼음, 초파리 바이알(fly vial), 초파리 바이알 가공솜(fly vial cotton plug)
4) 기기 : 실체현미경(해부현미경 : dissection microscope)

10.4 실험 방법

10.4.1 초파리의 뇌 해부

① 초파리를 담은 바이알을 얼음에 넣어 기절시킨다.
② 페트리-디시를 1X PBS로 반을 채우고, 실체현미경의 재물대 위에 올려둔다.
③ 포셉을 이용하여 한 마리의 초파리를 꺼내어 페트리-디시에 올린다.
④ 초파리의 머리와 몸통을 분리한다.
⑤ 초파리의 머리에서 주둥이를 제거한다.
⑥ 주둥이를 제거한 머리 안쪽잡아 두피를 벗기듯이 제거한다.
⑦ 뇌에 존재하는 잔여조직(지방 등)을 제거한다.
⑧ 뇌를 슬라이드글라스에 1X PBS와 얹고, 커버글라스로 덮는다.
⑨ 뇌를 관찰한다.

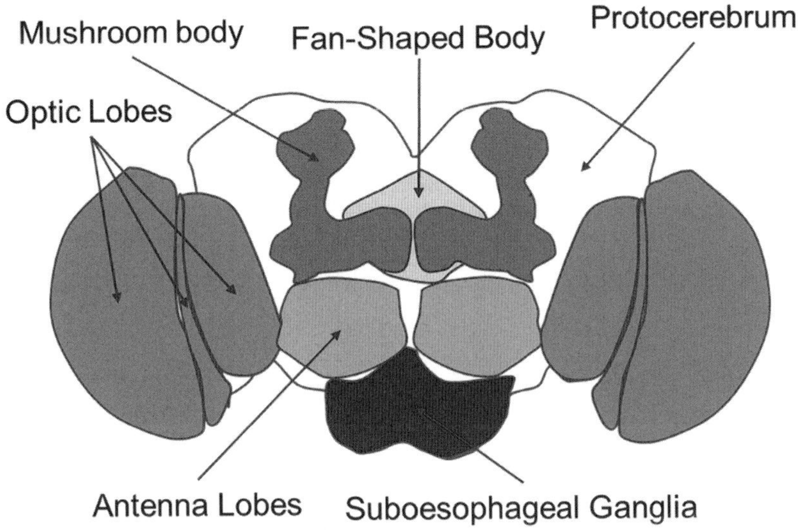

10.4.2 초파리의 소화기관 해부

① 초파리를 담은 바이알을 얼음에 넣어 기절시킨다.

② 페트리-디시를 1X PBS로 반을 채우고, 실체현미경의 재물대 위에 올려둔다.

③ 포셉을 이용하여 한 마리의 초파리를 꺼내어 페트리-디시에 올린다.

④ 초파리의 머리와 몸통을 조심스럽게 분리한다. (분리 시 몸통에서 초파리의 소화기관이 연속적으로 나온다면, ⑥으로 이동)

⑤ 몸통을 갈라 소화기관을 분리한다.

⑥ 분리된 소화기관을 슬라이드글라스에 1X PBS와 얹고, 커버글라스로 덮는다.

⑦ 소화기관을 관찰한다.

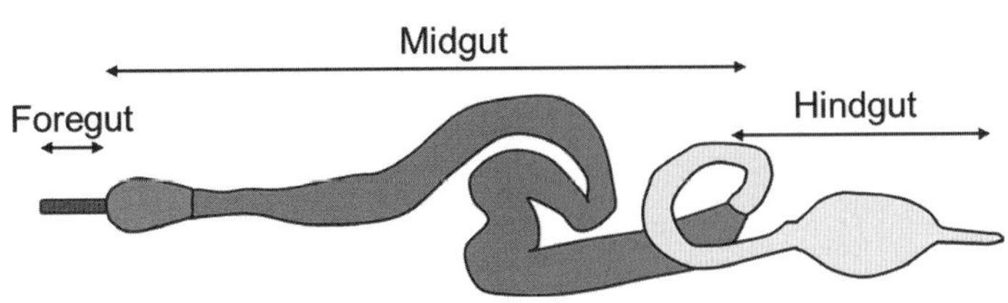

10.5 고찰

1) 해부 시 주의해야할 점

2) 각종 리포터 라인을 활용한 방법

실험 11

조직 발현 양상 조사

11.1 이론

11.1.1 조직 발현

조직 발현 양상은 특정 유전자나 단백질이 생물체 내에서 어떤 조직에서, 어느 시기에, 어떤 방식으로 발현되는지를 이해하는 데 중요한 역할을 한다. 이는 다양한 생물학적, 의학적 연구와 응용에 있어서 핵심적인 요소로 작용한다. 그 중요성을 여러 측면에서 설명할 수 있습니다.

① **유전자 기능 이해** : 특정 유전자가 어떤 조직에서 발현되는지를 알아내면 그 유전자가 어떤 기능을 하는지에 대한 단서를 얻을 수 있다. 예를 들어, 특정 유전자가 근육에서만 발현된다면 그 유전자는 근육 발달이나 기능에 중요한 역할을 할 가능성이 크다.

② **발달 생물학** : 발생 과정에서 특정 유전자의 발현 양상을 조사하면 개체 발달 중 어떤 유전자가 언제, 어디서, 어떻게 작용하는지 알 수 있다. 이는 배아 발달 과정, 기관 형성, 세포 분화 등을 이해하는 데 필수적이다.

③ **질병 진단 및 치료** : 특정 유전자나 단백질의 비정상적인 발현 양상은 질병의 원인이나 결과일 수 있다. 예를 들어, 암세포에서 과발현되는 유전자를 찾으면 이를 기반으로 암의 진단 및 치료 표적을 개발할 수 있다.

④ **병리학적 상태 이해** : 조직 발현 양상 조사를 통해 다양한 질병 상태에서의 유전자 발현 변화를 파악할 수 있다. 이는 질병의 병리학적 기전을 이해하고 새로운 치료법을 개발하는 데 중요한 정보가 된다.

11.1.2 염색

① **단순 염색** (simple staining)

- 한 가지 염료만을 사용하여 세포나 조직의 기본적인 구조를 염색한다.
- 예 : 메틸렌 블루(Methylene Blue), 크리스탈 바이올렛(Crystal Violet).

② **복합 염색**(complex staining)

- 여러 염료를 사용하여 세포나 조직의 다양한 구성 요소를 구별한다.
- 예: 그람 염색(Gram Staining).

③ **그람 염색**(Gram staining)

- 세균을 그람 양성(Gram-positive)과 그람 음성(Gram-negative)으로 구분하는 데 사용한다.

④ X-gal **염색**(X-gal staining)

- LacZ 유전자가 발현되면 β-갈락토시다제 효소가 생성된다. 이 효소는 X-gal (5-bromo-4-chloro-3-indolyl-β-D-galactopyranoside)이라는 기질을 분해하여 불용성 파란색 화합물인 5,5'-디브로모-4,4'-디클로로인디고(dibromo-dichloro-indigo)를 생성한다. 이를 통해 LacZ 유전자를 발현하는 세포나 조직이 파란색으로 염색된다.

⑤ **면역형광염색**(immunofluorescence)

- 면역형광염색은 형광 물질로 표지된 항체를 사용하여 특정 항원을 시각화하는 방법이다.

11.2 실험목표

1) 초파리 애벌레 X-gal 염색
2) 초파리 성충 면역형광염색

11.3 재료 및 기구

1) 실험군 : 초파리 3령 애벌레(*wingless LacZ*), 형광단백질 발현 초파리
2) 시료 : 1X PBS, 고정 버퍼(4% 포름알데히드(formaldehyde) + 1X PBST), 0.1% X-gal, 1X PBST, 블로킹 버퍼(0.5% goat serum + 1X PBST), 1차 항체 용액(0.5% goat serum + 1X PBST + primary antibody 1:1,000), 2차 항체 용액(0.5% goat serum + 1X PBST + secondary antibody 1:200), 1.25X PDA 버퍼(37.5% Glycerol, 187.5mMNaCl, 62.5mMTris pH8.8)

3) 기구 : 1.5 ㎖ e-튜브(1.5 ㎖ Eppendorf tube), 1000 ㎕ 파이펫(pipette), 10 ㎕ 파이펫 팁(pipette tip), 페트리-디시(petri-dish), 포셉(forcep), 레이저 블레이드(razor blade), 슬라이드글라스(slide glass), 커버글라스(cover glass)

4) 기기 : 실체현미경
(해부현미경: dissection microscope), 형광현미경(fluorescence microscope)

11.4 실험 방법

11.4.1 초파리 애벌레 X-gal 염색

① 애벌레를 1X PBS가 담긴 e-tube에 담궈 세척한다.
② 애벌레를 실체현미경의 재물대로 옮겨 3-4체절 사이를 포셉으로 나누어 내부장기를 추출한다.
③ 내부 장기를 1 ㎖ 고정버퍼가 담긴 e-tube에 담궈 상온에서 30분간 고정한다.
④ 파이펫으로 포름알데히드를 제거 후, 1X PBST로 15분씩 3회 세척한다.
⑤ X-gal을 e-tube에 추가하고, 37℃에서 30분간 염색한다.
⑥ 1X PBST로 3회 세척한다.
⑦ 슬라이드글라스에 1X PBS 한 방울을 올리고, 방울 안에 샘플을 넣고, 커버글라스로 덮는다.
⑧ 현미경으로 관찰한다.
⑨ 관찰한 사진을 찍거나 그림을 그려서 무엇을 의미하는지 토론한다.

11.4.2 초파리 성충의 주둥이 면역형광염색

① 초파리를 기절시켜 몸통과 머리부분을 분리하고, 머리부분에서 주둥이 부분을 제외하고 제거한다.
② 4% 포름알데히드에 담궈 15분간 상온에서 고정시킨다.
③ 1X PBST로 15분간 상온에서 3회 세척한다.
④ 레이저 블레이드로 주둥이를 대칭으로 반으로 가른다.

⑤ 샘플을 블로킹 버퍼에 담궈 30분간 상온에서 반응시킨다.

⑥ 샘플을 1차 항체가 포함된 용액에 담궈 4℃로 밤새 반응시킨다.

⑦ 샘플을 2차 항체가 포함된 용액에 담궈 빛이 들지 않게끔 4℃로 4시간 반응시킨다.

⑧ 샘플을 1X PBST로 빛이 들지 않게끔 15분간 상온에서 3회 세척한다.

⑨ 샘플을 1.25X PDA 버퍼에 담궈 빛이 들지 않게끔 30분간 4℃에서 보관한다.

⑩ 슬라이드글라스 위에 1.25X PDA 버퍼를 한 방울 떨어뜨린 후, 방울에 샘플을 올려 커버글라스로 덮는다.

⑪ 형광현미경으로 관찰한다.

11.5 고찰

1) wingless

2) wingless가 하는 발생학적 역할과 성충이 된 후의 기능은 무엇이 있을까?

실험 12 지방세포를 활용한 비만 연구

12.1 이론

12.1.1 지질체

지질체는 주로 중성 지방(TAG)과 콜레스테릴 에스터로 구성된다. 이들은 친수성인 단일 층의 인지질 막으로 둘러싸여 있다. 지질체 표면에는 perilipin, adipose triglyceride lipase(ATGL) 같은 단백질들이 존재하며, 이들은 지질 방울의 형성, 성장, 그리고 지방 분해를 조절한다.

12.1.2 지질체의 기능

① **에너지 저장** : 지질 방울은 에너지 저장고로서 작용한다. 초파리가 에너지를 필요로 할 때, 지질 방울 내의 중성 지방이 분해되어 자유 지방산으로 방출된다.

② **세포막 구성** : 지질 방울은 세포막을 구성하는 데 필요한 인지질과 콜레스테롤의 공급원 역할을 한다.

③ **신호 전달** : 지질 방울은 세포 신호 전달 경로와 상호작용하며, 세포 내 대사와 생리적 상태를 조절한다.

12.2 실험목표

1) 초파리의 지질체 염색 및 관찰

12.3 재료 및 기구

1) 실험군 : 야생형 성충 수컷 초파리(w^{1118}), $trp\gamma^{1}$ 돌연변이체 성충 수컷 초파리

2) 시료: 1X PBS, 4% 포름알데히드(formaldehyde), 10% 나일 레드(Nile Red)

3) 기구 : 1.5 ㎖ e-튜브(1.5 ㎖ Eppendorf tube), 1000 ㎕ 파이펫(pipette), 10 ㎕ 파이펫 팁

(pipette tip), 페트리-디시(petri-dish), 포셉(forcep), 슬라이드글라스(slide glass), 커버글라스(cover glass), 아이스버킷 & 얼음, 초파리 바이알(fly vial), 초파리 바이알 가공솜(fly vial cotton plug)

4) 기기 : 실체현미경
(해부현미경: dissection microscope), 형광현미경(fluorescence microscope)

12.4 실험 방법

① 초파리를 담은 바이알을 얼음에 넣어 기절시킨다.
② 페트리-디시를 1X PBS로 반을 채우고, 실체현미경의 재물대 위에 올려둔다.
③ 슬라이드글라스에 수컷 초파리를 매니큐어를 사용하여 해부학적 자세로 고정시킨다.
④ 슬라이드글라스를 1X PBS가 담긴 페트리-디시에 거치한다.
⑤ 실체현미경을 이용하여 위장 및 내장기관을 제거한다.
⑥ 등에 존재하는 지질체만을 보존시킨다.
⑦ 흉부와 등의 지질체를 분리하여 4% 포름알데히드에 넣고 15분간 고정한다.
⑧ 10% 나일 레드를 넣어 최종적으로 0.1% 나일 레드로 희석하여 암실에서 30분간 염색한다.
⑨ 염색용액을 파이펫으로 제거 후, 슬라이드 글라스에 50% glycerol 한 방울을 떨어뜨려 염색된 검체를 박리한 부분이 아래를 향하도록 같은 방향으로 배치한다.
⑩ 커버글라스를 덮고 형광현미경으로 지질체를 관찰한다.

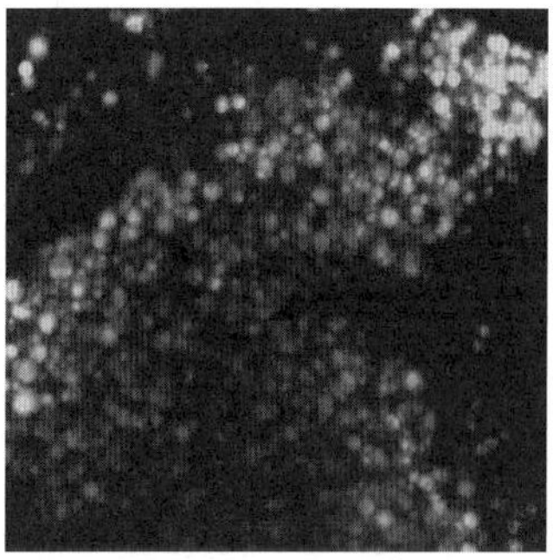
야생형 초파리의 지질체

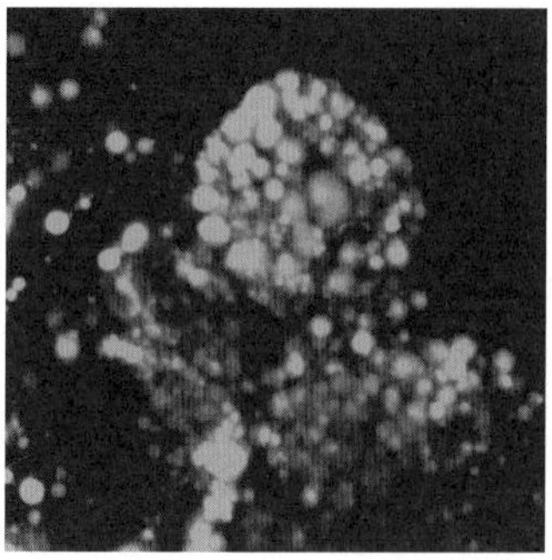
trpγ^{1} 돌연변이체의 지질체

12.5 고찰

1) 지질체의 차이를 보일 수 있는 유전형의 돌연변이체에 대해 조사
2) 조사한 지질체의 크기를 비교 분석할 수 있는 방법

분자유전학 실험서

Part 05

퇴행성 질환

실험 13 기억력

13.1 이론

13.1.1 기억력

기억은 정보, 경험 또는 지식을 습득, 처리, 저장 및 검색하는 능력을 나타낸다. 이는 학습, 적응 및 일상생활에서 모든 생물의 생존에 필수적인 복잡하고 다양한 인지 기능이다. 기억에서는 외부 환경으로부터의 감각 정보가 신경적 코드로 인코딩되고 저장되며 불러와진다. 기억을 이해하는 것은 인지와 행동을 이해하는 데 중요하다.

13.1.2 사람과 동물모델의 기억력

사람과 초파리(*Drosophila melanogaster*)의 기억 과정에는 일부 기본적인 유사점이 있지만 복잡성과 신경 구조 측면에서는 큰 차이가 있다. 인간의 뇌는 수십억 개의 신경세포와 광범위한 연결성을 가진 매우 복잡한 장치다. 인간의 기억 과정은 해마(hippocampus), 편도체(amygdala) 및 다른 대뇌 피질(cerebral cortex)과 같은 다양한 뇌 영역에서 발생한다. 초파리의 뇌는 비교적 단순하며, 인간의 뇌보다 신경세포 수가 적다(약 10만 개). 초파리의 기억 관련 과정은 주로 머쉬룸바디(mushroom body) 내에서 발생한다. 기본적으로 두 가지 유형의 기억이 있다. 단기기억(STM; short-term memory)은 최대 60분까지의 짧은 시간 동안의 기억이고, 장기 기억(LTM; long-term memory)은 몇 분부터 평생까지의 기억을 나타낸다.

13.1.3 퇴행성 신경질환(neurodegenerative disease)

다양한 조건들이 정보의 부호화, 저장 및 검색에 영향을 미치는 신경세포의 기능을 변경함으로써 기억력에 영향을 줄 수 있다. 신경퇴행은 신경세포 및 그들의 구조 또는 기능의 점진적인 손실을 나타내는 용어다. 신경퇴행은 신경 네트워크의 기능 장애, 시냅스의 손상 및 뇌 내에서 생리적으로 수정된 단백질의 축적과 관련이 있다. 가장 흔한 신경퇴행성 질환은 파킨슨병(PD; Parkinson's disease), 알츠하이머병(AD; Alzheimer's disease) 및 헌팅턴병(HD; Huntington's disease)이 있다.

13.1.4 알츠하이머

알츠하이머병은 기억상실, 인지능력 저하를 유발하여 궁극적으로 일상생활에 영향을 미치는 가장 흔한 진행성 신경학적 질환이다. 이는 치매의 가장 흔한 원인으로, 알츠하이머병 병변은 뇌 내 아밀로이드-베타(Aβ; β-amyloid) 및 타우 단백질(tau protein)의 축적이다. 뇌 내에 Aβ 플라크(plaque) 형성은 과인산화된 타우 단백질로 구성된 신경섬유망과 관련이 깊다. 이러한 플라크는 해마에서 단기기억을 장기기억으로 전환시키는 신경세포 회로를 방해한다. 알츠하이머병 환자는 과도한 신경세포 손실, 변형된 시냅스 연결 및 기억을 포함한 뇌 기능에 필요한 중요한 신경전달물질(NT; neurotransmitter) 시스템의 손상이 발생한다.

과학자들은 알츠하이머 연구를 위한 모델 생물로서 노랑초파리(Drosophila melanogaster)를 채택하여 사용한다. 노랑초파리에는 APP(amyloid protein precursor)의 동원체(ortholog), β-secretase 및 γ-secretase 복합체 구성 요소가 있다. 노랑초파리의 APP 동원체인 dAPPL(Drosophila amyloid protein precursor-like)은 척추동물 APP족과 유사한 특성 도메인을 갖고 있다. 다양한 돌연변이체 초파리가 인간 Aβ42(β-aymloid 42) 유도 독성과 신경퇴행 연구를 위해 생성되어 연구되어왔다.

13.1.5 파킨슨병

파킨슨병은 알츠하이머병에 이어 인간에서 두 번째로 흔한 신경퇴행성 질환이다. 대뇌피질 검은질 내 도파민 신경세포(dopaminergic neuron)의 점진적, 선택적 손실과 세포질 내 르위체(Lewy body) 형성이 특징적이다. 뇌 내 도파민 신경세포의 손실은 뇌가 운동과 균형감각을 조절하는 능력을 저하시킨다. 파킨슨병의 진행에서 α-시뉴클레인(α-synuclein) 단백질의 잘못된 접힘(misfolding)과 응집(aggregation), 결함(defect)이 있는 단백질 복구 시스템(protein clearance system), 미토콘드리아(mitochondria) 기능 장애(dysfunction), 유비퀴틴 프로테아좀 시스템(ubiquitine proteosome system), 자가포식 리소좀 시스템(autophagy lysosome system) 및 신경 염증(neural inflammation)과 같은 다양한 과정이 확인되었다. 파킨슨병은 병리학적으로 PINK1, parkin 및 DJ-1 유전자가 미토콘드리아 기능 및 산화 스트레스 저항(oxidative stress resistance)에 중요한 역할을 갖는다. 노랑초파리에서 두 개의 DJ-1 동원체가 발견되었다(DJ-1α와 DJ-1β). DJ-1α는 산화 스트레스에서 기능하고, DJ-1β는 운동성(특히 기어오르는 운동성)

을 감소시키고 H_2O_2, 파라쿼트(paraquat) 및 로테논(rotenone)과 같은 환경 독소에 대한 민감도(sensitivity)를 증가시킨다. DJ-1β 돌연변이는 당에 대한 민감도를 낮추며, 맛-연상 기억력을 감소시킨다.

13.1.6 헌팅턴병

헌팅턴병은 4번 염색체에 있는 유전자의 결함에 의해 유발되는 진행성 신경퇴행성 질환이다. 헌팅턴병은 뇌 내 신경세포의 점진적인 붕괴와 손실에 의해 중추신경, 뇌 영역의 변화를 일으키며, 운동 기능 장애, 인지 기능 저하 및 정신 증상을 유발한다. Htt 유전자의 돌연변이는 헌팅턴 단백질의 비정상적인 형태를 생성하며, 특히 운동 기능과 균형감각을 제어하는 뇌 영역에서 신경세포 내에 유독성 응집체의 축적을 초래한다. 초파리 모델은 헌팅턴 병리학을 연구하는 데 유용하다. Htt의 노랑초파리 동종체(homolog) 유전자는 HTT의 단백질-단백질 상호작용에 중요한 α-나선(α-helix) 구조를 형성하는 HEAT{Huntington, elongation factor 3(EF3), protein phosphatase 2A(PP2A), yeast kinase TOR1} 반복이 강한 동종성을 가진 5개의 영역을 가지고 있습니다. Htt plyQ(poly-glutamine)을 발현하는 노랑초파리는 Htt 집합체와 신경퇴행을 연구하기 위해 제작된 동물모델 초파리다.

13.2 실험목표

야생형 초파리와 퇴행성 신경질환 모델 초파리의 맛-연상 기억력 차이 확인

13.3 재료 및 기구

1) 실험군 : 야생형 초파리(w^{1118}), 파킨슨병 모델 초파리($DJ\text{-}1\beta^{ex54}$) 혹은 알츠하이머 모델 초파리($Appl^{d}$)
2) 시료 : 50 mM 카페인(caffeine), 500 mM 자당(sucrose), 수돗물(tap water), 매니큐어
3) 기구 : 슬라이드글라스(slide glass), 아이스버킷 & 얼음, 초파리 바이알(fly vial), 초파리 바이알 가공솜(fly vial cotton plug), 와잎티슈(wipe tissue)
4) 기기 : 초파리 배양기(fly incubator)

13.4 실험 방법

13.4.1 맛-연상 기억력 시험

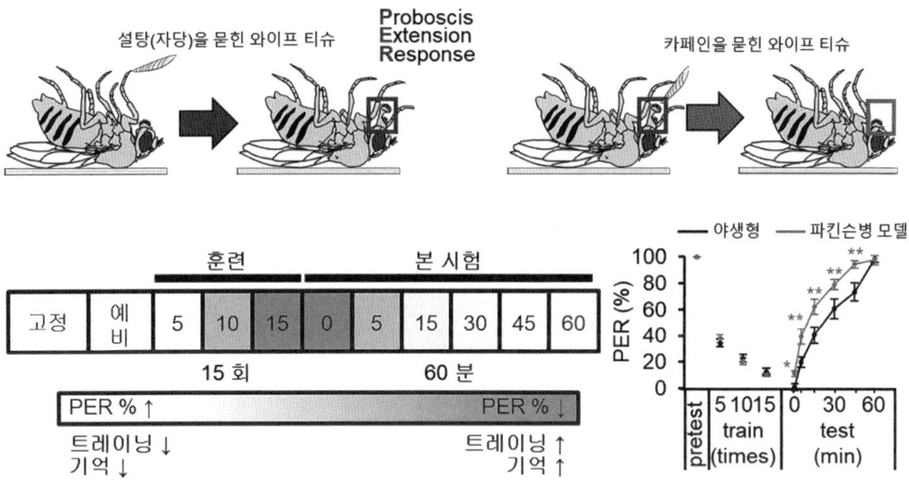

① 초파리 바이알에 식수로 적신 와잎티슈를 바닥에 깔고, 3-4일 된 파리들을 넣어 18시간(작일 15시부터 당일 9시까지) 동안 굶긴다.

② 초파리 바이알을 얼음에 넣어 마취시킨다.

③ 슬라이드글라스에 매니큐어를 발라 마취된 파리의 날개를 고정시킨다.

※ 고정 시, 날개가 아닌 다른 부위(등, 머리, 다리 등)는 고정시켜서는 안됨.

④ 고정된 파리를 25℃, 습도 60%로 유지하는 온습도 조절기에 30분 동안 회복시킨다.

⑤ 사전 실험 단계(pre-test) : 갈증을 없애기 위해, 각각의 파리 주둥이(labellum)에 식수를 묻힌 와잎티슈를 제공(입을 뻗어 먹지 않을 때까지)주고, 앞다리(foreleg)에 500 mM 자당을 적신 와잎티슈를 제공(주둥이로 섭취하지 않게끔)하며, 자당 자극에 주둥이를 뻗는 반응(PER; proboscis extension response)을 보이는 초파리만 훈련단계로 넘어간다.

⑥ 훈련 단계(training): 앞다리에 500 mM 자당 자극을 주고, 동시에 주둥이에 50 mM 카페인 자극을 준다. 이 단계를 15회 반복하며, 5회마다 주둥이를 뻗는 반응(PER)을 기록한다.

⑦ 시험 단계(main test) : 0, 5, 15, 30, 45 및 60분에 다리에 500mM의 sucrose 자극을 주고, 주둥이를 뻗는 반응(PER)을 기록한다.

13.5 고찰

1) 맛-연상 기억력에 문제가 있는 돌연변이체를 회복시킬 수 있는 방법

실험 14 수면 및 운동성

14.1 이론

14.1.1 수면(sleep)

수면은 인간 및 다른 생물에게 필수적인 기본 생물학적 과정으로 건강을 유지하고 적절한 기능을 유지하는 데 필수적이다. 수면은 의식과 감각 활동이 감소된 상태를 특징으로 하며 두뇌 파동 패턴의 명백한 변화와 함께 수반된다. 수면은 다양한 중요한 기능을 수행하는데, 이에는 신체 조직의 회복과 수리, 기억의 정착, 기분 조절, 면역 기능 지원 등이 포함된다. 인간에서는 수면 부족이 인지 기능 저하, 기분 장애, 면역 체계 약화 및 비만, 당뇨병, 심혈관 질환과 같은 다양한 건강 문제와 연관되어 있다. 마찬가지로, 초파리에서도 수면은 수명, 학습, 기억 및 전반적인 건강에 영향을 미치는 여러 생리학적 과정에서 중요한 역할을 한다. 종 간 수면의 메커니즘과 중요성을 이해함으로써 기본적인 생물학적 기능과 인간 건강 및 복지를 향상시킬 수 있는 잠재적인 방법에 대한 소중한 통찰력을 제공한다.

14.1.2 동물

또한, 수면은 인간부터 초파리에 이르기까지 다양한 종에 걸쳐 관찰되는 복잡한 생리적 현상이다. 인간에서는 수면이 렘수면(REM) 및 비렘수면(NREM)과 같은 명백한 단계로 특징 지어지며, 각각 고유한 뇌 활동 패턴 및 생리학적 변화와 관련되어 있다. 인간에서의 수면의 중요성은 지나치게 강조될 수밖에 없으며, 인지 기능, 감정 조절, 기억 정착 및 전반적인 신체 건강에 중요하다. 인간에서의 만성적인 수면 부족은 인지 능력 저하, 기분 변동, 면역 기능 약화 및 다양한 질병의 증가와 같은 다양한 부정적인 영향을 줄 수 있다.

14.1.3 초파리

초파리(*Drosophila melanogaster*)에서 수면은 멀리 진화한 종 간에 보존되고 있으며 과일파리가 유전자 조작에 적합하다는 점으로 인해 흥미로운 연구 분야로 부상하고 있다. 인간과 비교했을 때 그들의 신경해부학적 및 유전적 메이크업이 매우 다르지만, 과일파리는 활동이 감소한 기간, 각성 임계값 증가 및 뇌 활동 변화로 특징지어지는 수면과 유사한 상태를 나타낸다. 인간과 마찬가지로, 과일파리의 수면은 기억 정착, 환경 신호에 대한 반응성, 전반적인 건강 유지 등 다양한 생리학적 과정에 필수적이다.

14.1.4 생물학적 시계

지구상의 생명은 행성의 회전에 적응되어 있다. 많은 해 동안 우리는 식물, 동물 및 인간이 날의 규칙적인 리듬에 대비하고 적응하는 데 도움이 되는 내부 생물학적 시계를 가지고 있다는 것을 알고 있다. 그러나 이 시계는 실제로 어떻게 작동하는 걸까? 제프리 C. 홀(Jeffrey C. Hall), 마이클 로스바시(Michael Rosbash) 및 마이클 W. 영(Michael W. Young)은 우리의 생물학적 시계 안을 엿볼 수 있었으며 그 내부 작용을 명확히 하였다. 그들의 발견은 식물, 동물 및 인간이 그들의 생물학적 리듬을 지구의 자전과 동기화하는 방법을 설명한다.

"시계 신경세포"의 발견은 신경과학에서의 혁신적인 발견으로, 상기된 연구자들에게 생리학 또는 의학 분야에서 노벨 생리학 · 의학상을 수여하게 되었다. 시계 신경세포는 우리의 내부 생물학적 시계, 즉 생체 리듬을 조절하는 뇌의 특수한 세포이다. 이 내부 시계는 우리가 대략 24시간 동안 수면-각성 주기, 호르몬 생성, 체온 등을 조절하는 데 도움이 된다. 이러한 시계 신경세포가 어떻게 작동하는지 이해하는 것은 인간의 건강과 행동을 이해하는 데 깊은 영향을 미치며, 생체 리듬에 대한 이상적을 낳을 수 있는 다양한 건강 문제들로 이어질 수 있다. 이러한 문제에는 수면장애, 기분 장애 및 대사 이상이 포함된다.

14.1.5 Tri-kinetics/DAMs

TriKinetics/DAMS(Drosophila Activity Monitoring System)은 특히 초파리의 수면 행동을 연구하는 데 사용되는 정교한 도구이다. 이 시스템은 각각 작은 관 또는 챔버에 거주하는 개별 파리의 움직임을 감지하는 적외선 센서가 장착된 전용 장비로 구성되어 있다. 이러한 센서는 파리의 활동 패턴을 지속적으로 기록하여 연구자가 수면-각성 주기를 장기간 관찰할 수 있도록 한다.

TriKinetics/DAMS 시스템은 초파리 수면 연구에 필수적인 여러 가지 주요 기능을 제공한다. 먼저, 대량 분석을 가능하게 하여 연구자가 많은 수의 파리 활동을 동시에 모니터링할 수 있도록 해주므로 통계적 타당성과 견고한 데이터 분석에 중요하다. 또한, 이 시스템은 온도, 습도 및 조명과 같은 환경 조건을 정밀하게 제어하여 실험 조건의 일관성과 재현성을 보장한다. TriKinetics/DAMS의 주요 응용 중 하나는 과일파리의 수면과 생체 리듬을 연구하는 것이다. 적외선 센서로 기록된 활동 패턴을 분석함으로써 개별 파리의 휴식(수면)과 활동(각성) 기간을 식별할 수 있을 뿐만 아니라 그들의 생체 리듬과 다양한 유전적 또는 환경적 조작에 대한 반응을 특성화할 수 있다.

14.1.6 수면 시험

수면 시험는 일반적으로 쥐, 초파리 또는 제브라피쉬와 같은 동물을 대상으로 한 조직에서 수면 패턴을 측정하고 분석하는 과학 연구 방법이다. 이 검사는 수면 규제 기전 및 유전적, 환경적 또는 약물적 조작이 수면 행동에 미치는 영향을 이해하는 데 중요하다. 이 검사는 주로 특수 장비(활동 모니터, 적외선 센서 또는 비디오 추적 시스템과 같은)를 사용하여 정의된 기간 동안 조직의 활동 또는 행동을 모니터링하는 것을 포함한다. 조직이 표현하는 휴식 및 활동의 패턴을 기록하고 분석함으로써 수면(움직임 감소 또는 행동 정지로 특징 지어짐)과 각성의 기간을 식별할 수 있다. 수면 검사는 또한 수면 지연, 수면 지속 시간, 수면 단편화 및 생체 리듬과 같은 추가 매개 변수를 포함하여 수면 행동을 종합적으로 평가한다. 이러한 검사는 수면의 신경 생물학, 생체 리듬 및 수면 장애를 연구하는 데 필수적인 도구이며, 다양한 종에 걸친 수면 규제 이해를 발전시키는 데 중요한 역할을 한다.

14.2 실험목표

야생형 초파리와 파킨슨병 모델 초파리(혹은 알츠하이머 모델 초파리)의 수면 파라미터 분석

14.3 재료 및 기구

1) 실험군 : 야생형 초파리(w^{1118}), 파킨슨병 모델 초파리($DJ\text{-}1\beta^{ex54}$) 혹은 알츠하이머 모델 초파리 ($Appl^{d}$)

2) 시료 : 배지{1% 자당(sucrose) + 1% 아가(agar)}

3) 기구 : 생체리듬 관찰용 유리관(glass tube), 생체리듬 관찰용 유리관 뚜껑, 솜, 포셉(forcep), 비이커(beaker), 붓(brush)

4) 기기 : 전자레인지(microwave), 25°C L/D(light/dark) 조절 배양기, DAMs, CO_2 가스, CO_2 패드

14.4 실험 방법

14.4.1 장치 및 재료 준비

① DAM을 컴퓨터에 연결하여 데이터 수집과 분석을 위한 DAM 시스템을 적절하게 설정하고 보정한다.

② 비이커에 유리관을 고무줄로 묶는다.

③ 전자레인지로 배지를 녹인 후, 유리관의 1/5 정도 길이에 이르도록 부어준다.

④ 고체화 후, 유리관을 비이커로부터 분리해주고, 유리관 외부의 배지를 제거한다.

⑤ 배지를 포함한 방향의 유리관에 캡을 씌운다.

14.4.2 유리관으로 파리 옮기기

① 파리를 CO_2 또는 얼음을 사용하여 마비시킨다.

② 작은 붓 또는 흡입기를 사용하여 개별적인 파리를 음식 매체가 들어 있는 유리관으로 옮깁니다. 각 유리관에는 하나의 파리만 들어가도록 한다 (아래 사진 참조).

③ 탈출을 방지하기 위해 유리관을 폼 플러그나 면화로 밀봉한다.

④ 이러한 단계를 따라 진행하여 파리를 처리하고 유리관으로 옮길 수 있습니다.

14.4.3 DAMs 설정

① DAM 모니터에 파리가 들어 있는 유리관을 배치한다.

② DAM 모니터를 컴퓨터에 연결하고 데이터 수집용 소프트웨어를 개시한다.

14.4.4 데이터 수집

① DAM 시스템을 사용하여 파리의 활동을 기록을 시작하며, 시스템은 일반적으로 적외선 센서를 통해 움직임을 감지하고 일정한 간격(매 분마다)으로 활동 횟수를 기록한다.

② 수면 분석을 위한 데이터 수집을 시작하기 전에, 파리가 실험 조건에 적응할 수 있도록 특정 기간 동안 실험 조건에 노출한다.

14.4.5 수면 분석

① 수면 분석 소프트웨어 또는 사용자 정의 스크립트를 사용하여 기록된 데이터를 분석한다. 일반적으로 수면은 지속적인 비활동 기간으로 정의되며, 지정된 기간(예: 5분 이상)동안 지속된다.

② 수면 지연 시간(첫 번째 수면 발작까지 걸리는 시간), 총 수면 기간, 수면 발작 길이, 수면 조각화 및 수면 구조(빛-어둠 주기 동안 수면 발작의 분포)와 같은 수면 매개 변수를 계산한다.

③ 유전적 또는 환경적 조작이 수면 행동에 미치는 영향을 평가하기 위해 실험 그룹 간의 수면 패턴을 비교한다(예: 야생형 대 돌연변이 파리, 대조 대 처리 조건).

14.4.6 데이터 해석 및 분석

① 수면 분석 결과를 해석하여 실험적 조작이 파리의 수면 행동에 미치는 영향에 대한 결론을 도출한다.

② 실험 그룹간의 수면 매개 변수의 차이의 유의성을 결정하기 위해 통계 분석을 수행한다.

③ 수면 데이터를 시각화하고 과학적 출판물이나 발표에서 결과를 제시하기 위해 도표나 그래프를 생성한다.

14.5 고찰

1) 돌연변이체의 저하된 수면의 질을 높일 수 있는 방법

분자유전학 실험서

Part 06

화합물 감지

실험15

행동학적 미각 분석

15.1 이론

15.1.1 감각

다섯 가지 주요 감각(오감;five sense)이 있다. 감각들은 우리가 주변 환경과 상호작용하고 정보를 습득하는 데 중요한 역할을 한다.

15.1.2 시각

시각은 눈과 뇌가 함께 작동하여 빛을 감지하고, 해석하는 과정이다. 망막의 감각 세포이 빛을 받아 시각 신호로 변환하고, 이를 뇌의 시각 피질로 전송한다. 여기서 시각 정보는 여러 단계의 신경 회로를 통해 처리된다. 뇌는 받은 시각 정보를 처리하여 물체를 인식하고 해석한다. 시각 피질은 시각 정보를 다양한 특징으로 분석하고, 이를 통해 물체의 형태, 색상, 움직임 등을 이해한다. 이러한 과정은 시각 정보가 뇌의 다른 영역과 연결되어 다른 감각과 통합되기도 한다.

15.1.3 청각

청각은 소리를 감지하고, 해석하는 과정이다. 이는 주로 귀를 통해 이루어지며, 소리는 공기 중을 진동하는 압축파로써 전파된다. 귀에 들어와 고유한 청각 체계를 통해 뇌로 전달되어 해석된다. 이를 통해 주변의 소리를 인식하고, 이해하여 소통하고 환경에 대한 정보를 얻을 수 있다.

15.1.4 촉각

피부와 다른 부위의 감각 기관을 통해 온도, 압력, 진동 등을 인식한다. 촉각기관은 중추 신경계로 정보를 전달하여 뇌가 이를 처리하고 적절한 반응을 생성하게 한다. 이러한 반응은 우리가 주변 환경과 상호작용하고, 몸을 보호하며, 쾌적한 상태를 유지하는 데 도움을 준다.

15.1.5 후각

코를 통해 환경에서 나오는 냄새를 감지한다. 다양한 화학 물질이 공기 중에 증발하여 냄새를 형성하며, 이를 통해 음식 등의 환경을 인식한다.

15.1.6 미각

혀를 통해 음식의 맛을 감지한다. 단맛, 쓴맛, 짠맛, 신맛, 그리고 고소한 맛 등을 분별하며, 음식의 영양과 안전성을 평가할 수 있다.

15.2 실험목표

초파리의 카페인 선호도 조사

15.3 재료 및 기구

1) 실험군 : 야생형 초파리(w^{1118}), 미각수용체 돌연변이체 초파리($Gr66a^{ex83}$, $Gr93a^{1}$)

2) 시료 : 100 mM 자당(sucrose), 500 mM 자당, 50 mM 카페인(caffeine), 1.25% 파랑 시약(brilliant blue FCF), 1% 빨강 시약(sulforhodamine B), 증류수(D.W; distilled water), 1% 아가(agar)

3) 기구 : 10 ㎕ 파이펫(pipette), 10 ㎕ 파이펫 팁(pipette tip), 20 ㎕ 파이펫(pipette), 20-200 ㎕ 파이펫 팁(pipette tip), 1000 ㎕ 파이펫(pipette), 1000 ㎕ 파이펫 팁(pipette tip), 파이펫 에이드(pipette aid), 파이펫 에이드 팁(pipette aid tip), 포셉(forcep), 붓(brush), 초파리 바이알(fly vial), 초파리 바이알 플러그(fly vial plug), 습도유지 챔버(humidity chamber), 72-웰 플레이트(72-well plate), 1.5 ㎖ e-튜브(1.5 ㎖ Eppendorf tube)

4) 기기 : 전자레인지(microwave), 히팅 블록(heating block), CO_2 가스, CO_2 패드, 실체현미경(해부현미경: dissection microscope)

15.4 실험 방법

15.4.1 아가 바이알 제조 및 초파리 굶김 (실험 전날 17시)

① 1% 아가가 포함된 유리병의 뚜껑을 살짝 열고, 전자레인지에 1분-1분 30초 처리한다.

② 1% 아가가 녹아 액체가 되었다면, 파이펫 에이드와 파이펫 에이드 팁을 이용하여 3-4 ㎖을 취한 뒤, 빈 초파리 바이알에 분주한다.

③아가가 충분히 굳었다면, 아가 바이알에 실험에 사용될 초파리를 40-60마리씩 유전형별로 옮긴 후, 초파리 바이알 플러그로 막아준다.

④ 습도유지챔버에 물로 적신 핸드타올을 깔고, 초파리가 포함된 아가 바이알을 습도유지챔버에 보관한다.

15.4.2 72-웰 플레이트 제조 및 본시험 (실험 당일 9시)

① 1% 아가가 포함된 유리병의 뚜껑을 살짝 열고, 전자레인지에 1분-1분 30초 처리한다.

② 히팅블록 57℃로 세팅한다.

③ 1.5 ㎖ e-튜브에 아래와 같이 분주하며, 자당-시약-증류수(카페인) 순으로 분주하되, 아가를 취했던 피펫팁은 재사용하지 않는다. 아가까지 분주 후, 히팅블록에 보관한다.

구성성분	부피 (㎕)
100 mM 자당	10
1.25% 파랑 시약	10
증류수	100
1% 아가	880
최종 샘플	1000

구성성분	부피 (㎕)
500 mM 자당	10
1% 빨강시약	10
50 mM 카페인	100
1% 아가	880
최종 샘플	1000

④ 72-웰 플레이트에 20 ㎕ 파이펫을 사용하여 13.5 ㎕씩 지그재그 패턴으로 분주한다.

⑤ 굶긴 초파리를 CO2 가스로 간단히 마취시킨 후, 72-웰 플레이트로 옮긴다.

⑥ 습도유지챔버에 물로 적신 핸드타올을 깔고, 72-웰 플레이트를 습도유지챔버에 1.5-2시간 동안 보관한다.

⑦ 72-웰 플레이트를 뒤집어 냉동고에 얼린다.

⑧ 실체현미경을 이용하여 초파리의 배색 관찰 및 선호도 지표를 계산한다.

선호도 지표(preference index) = $(N_B - N_R)/(N_R + N_B + N_P)$

혹은 $(N_R - N_B)/(N_R + N_B + N_P)$

15.5 고찰

1) 아가를 취했던 피펫팁은 재사용하지 않는 이유

2) 습도유지챔버를 사용하는 이유

3) *Gr66a*^{ex83}, *Gr93a*^{1}

실험 16

화학유전학 및 광유전학

이론

16.1.1 화학유전학

화학유전학(chemogenetics)은 생물학적 시스템에서 화학물질에 반응하는 유전자 조작 기술을 의미한다. 이 기술은 특정 화학물질에 의해 조절되는 유전자를 도입하여 세포나 조직의 활동을 제어하는 방법을 사용함으로써 생물학적 프로세스를 연구하고 이해하는 데 도움을 준다.

주로 화학유전학은 두 가지 주요 접근 방식으로 구현된다.

1) 화학물질이 수용체에 결합하여 유전자 발현을 활성화하거나 억제하는 것
2) 화학물질이 특정 유전자를 통해 유전자 발현을 조절하는 것

이 기술은 주로 생물학적 시스템을 조절하고 연구하는 데 사용되며, 뇌 연구, 질병 메커니즘의 이해, 치료법의 개발 등 다양한 분야에서 활용된다. 화학유전학은 특히 뇌의 특정 부분에서 발생하는 활동을 조절하여 신경과학 연구에 중요한 역할을 한다.

16.1.2 캡사이신 수용체

캡사이신(capsaicin)은 굳이 따지자면, 맛이 아닌 통증을 일으키는 요인 중 하나이다. 1997년 데이비드 줄리어스(David Jay Julias)는 네이처 지(Nature)를 통해 통증과 온도와 관련된 수용체에 대해 발표한다. TRPV1은 43℃와 캡사이신의 수용체이며, 캡사이신과 같은 매운 물질을 섭취했을 때, 작용하는 수용체다. 데이비드 줄리어스는 2021년 노벨생리의학상을 수상했다.

인간은 TRPV1을 갖지만, 초파리는 TRPV1을 갖지 않는다. 이러한 이유로 초파리는 캡사이신을

감지하지 못한다. TRPV1을 단맛감지 신경세포(sweet-sensing neuron)에 발현시킨다면, 초파리는 캡사이신을 단맛감지신경세포에서 감지를 하여, 이를 단맛이라고 감지하고 인지하여 캡사이신을 선호한다. 반대로 TRPV1을 쓴맛감지 신경세포(bitter-sensing neuon)에 발현시킨다면, 초파리는 캡사이신을 쓴맛이라고 감지하고 인지하여 캡사이신을 기피한다.

16.1.3 광유전학

광유전학(optogenetics)은 빛에 반응하는 단백질인 광감응성 단백질을 이용하여 세포나 조직의 활성을 조절하는 유전자 조작 기술이다. 특정 조건에서 빛을 조사하여 선택적으로 세포나 조직을 활성화 또는 억제할 수 있도록 돕는다. 광유전학은 주로 광감응성 단백질인 광센서와 그에 따른 신호전달 체계인 광선신호전달체계를 사용한다. 이러한 광감응성 단백질은 빛에 반응하여 활성화되거나 비활성화되며, 이러한 반응은 광원의 파장, 강도 및 지속시간에 따라 조절될 수 있다. 특히 뇌 연구 분야에서 중요한 역할을 한다. 예를 들어, 뇌의 특정 부위에 광감응성 단백질을 도입하여 빛의 자극에 따라 뉴런의 활성을 제어하고, 이를 통해 특정 행동이나 생리적 반응을 유도하거나 억제할 수 있다. 이러한 방법은 질병 메커니즘의 이해와 치료법의 개발에 큰 도움이 되며, 뇌신경망의 연구에 혁신적인 기회를 제공한다. 또한, 광유전학은 세포 생리학, 발생생물학, 신호전달 등 다양한 생물학적 연구 분야에서도 활용되고 있다.

16.1.4 PER 시험법

PER(Proboscis Extension Response) 시험법은 초파리에게 특정 자극(예: 자당 용액)을 제공하고, 입을 뻗는 행동에 따라 자극에 대한 선호도와 수용체에 대한 연구가 가능하다. 특정 자극을 제공받은 초파리는 자극에 대한 두 가지 반응이 있다.

1) 입을 뻗음 : 선호하는 자극
2) 입을 뻗지 않음 : 기피하는 자극 혹은 선호도가 없는 자극

이러한 반응을 측정하여 초파리의 생리학적 상태나 행동적 특성을 이해하고 분석할 수 있다.

16.1.5 전기생리학

전기생리학은 생물학의 한 분야로, 생물체 내에서 전기적인 현상을 연구하는 학문이다. 이 분야는 주로 생물체의 세포, 조직, 장기에서 전기적 신호의 발생, 전달, 및 조절에 대한 이해를 다루고 있다. 전기적 활동이 다양한 생물학적 기능에 어떻게 기여하는지를 연구함으로써 중요한 역할을 한

다. 예를 들어, 신경세포의 활동 전위 변화는 신경전달물질의 방출에 영향을 주고, 근육세포의 전기적 활동은 근육 수축에 관여한다. 전기생리학은 또한 신경계와 근골격계 질병의 원인과 치료법을 연구하는 데도 중요한 역할을 한다. 신경성 질환인 파킨슨병이나 신경근질환 등은 신경세포의 전기적 기능 이상과 관련이 있을 수 있다.

16.2 실험목표

1) 화학유전학을 통한 미각분석 (캡사이신 선호도 조사)
2) 광유전학을 통한 미각분석

16.3 화학유전학

16.3.1 재료 및 기구

1) 실험군 : 야생형 초파리(*w*[1118]), *UAS-trpV1/+* 초파리, *UAS-trpV1/Gr64f-GAL4* 초파리, *UAS-trpV1/Gr66a-GAL4* 초파리
2) 시료 : 200 mM 자당(sucrose), 1 mM 캡사이신(capsaicin), 1.25% 파랑 시약(brilliant blue FCF), 1% 빨강 시약(sulforhodamine B), 증류수(D.W; distilled water), 1% 아가(agar)
3) 기구 : 10 ㎕ 파이펫(pipette), 10 ㎕ 파이펫 팁(pipette tip), 20 ㎕ 파이펫(pipette), 20-200 ㎕ 파이펫 팁(pipette tip), 1000 ㎕ 파이펫(pipette), 1000 ㎕ 파이펫 팁(pipette tip), 파이펫 에이드(pipette aid), 파이펫 에이드 팁(pipette aid tip), 포셉(forcep), 붓(brush), 초파리 바이알(fly vial), 초파리 바이알 플러그(fly vial plug), 습도유지 챔버(humidity chamber), 72-웰 플레이트(72-well plate), 1.5 ㎖ e-튜브(1.5 ㎖ Eppendorf tube)
4) 기기 : 전자레인지(microwave), 히팅 블록(heating block), CO_2 가스, CO_2 패드, 해부현미경(dissection microscope)

16.3.2 실험 방법

15.4를 반복하되, 시료는 아래와 같이 준비하여 분주한다.

구성성분	부피 (μℓ)
200 mM 자당	10
1.25% 파랑 시약	10
증류수	100
1% 아가	880
최종 샘플	1000

구성성분	부피 (μℓ)
500 mM 자당	10
1% 빨강 시약	10
1 mM 캡사이신	100
1% 아가	880
최종 샘플	1000

16.4 광유전학

16.4.1 재료 및 기구

1) 실험군 : 야생형 초파리(w^{1118}), *UAS-CsChrimson/+* 초파리, *UAS-CsChrimson/Gr64f-GAL4* 초파리, *UAS-CsChrimson/Gr66a-GAL4* 초파리
2) 시료 : 0.5 mM all-trans-retinal(ATR) 배지, 2% 자당(sucrose), 증류수(D.W; distilled water)
3) 기구 : 매니큐어, 포셉(forcep), 슬라이드글라스(slide glass), 아이스버킷 & 얼음, 초파리 바이알(fly vial), 초파리 바이알 가공솜(fly vial cotton plug), 와잎티슈(wipe tissue)
4) 기기 : 실체현미경(해부현미경: dissection microscope), 630 nm 파장대 레이저

16.4.2 실험 방법

① 실험군 초파리는 ATR이 포함된 배지와 포함되어 있지 않는 배지에 각각 배양한다.
② 초파리 바이알에 와잎티슈를 1/4으로 잘라 넣고, 식수를 와잎티슈가 젖을 정도로 뿌린다.
③ 배양된 초파리를 CO_2 패드위에서 기절시킨다.
④ 슬라이드글라스 위에 매니큐어를 살짝 바른다.
⑤ 포셉을 이용하여 조심스럽게 날개를 잡아 초파리의 날개만이 매니큐어에 고정시킨다.
⑥ 2% 자당을 묻힌 와잎티슈를 초파리의 앞다리에 제공 후 PER 여부를 관찰한다.
⑦ 레이저를 초파리에게 쏜 후 PER 여부를 관찰한다.
⑧ 2% 자당을 묻힌 와잎티슈와 레이저를 초파리에게 동시에 제공 후 PER 여부를 관찰한다.

16.5 고찰

1) CsChrimson
2) All-trans-retinal(ATR)

분자유전학 실험서

초 판 발 행	2024년 7월 29일
저 자	이영석
발 행 인	정승렬
발 행 처	국민대학교 출판부
주 소	서울시 성북구 정릉로 77(정릉동)
전 화	02-910-4242
팩 스	02-910-4240
등 록	1975년 6월 17일 제 6-33호
인 쇄	동방인쇄공사

ISBN 978-89-7812-534-5 가격: 14,000원

*잘못된 책은 교환해 드립니다.